清华电脑学堂

U0227812

微课学
Photoshop CC
数码照片编辑与处理

张晓辉 编著

清華大学出版社
北 京

内容简介

本书是一本基于 Photoshop CC 2023 的数码照片处理教程，书中完整地向读者介绍了如何使用 Photoshop CC 2023 对各种类型的照片进行校色、修饰、处理及创意设计等各种操作的方法和技巧。本书以简洁有序、深入浅出的方式向读者介绍了 Photoshop 在处理数码照片过程中的强大功能。

本书共 11 章，主要内容包括掌握 Photoshop CC 2023 数码照片的基本操作，数码照片的颜色与曝光，数码照片的调色技法，运用图层、蒙版和通道处理照片，为数码照片增加艺术效果，选区与抠像技术，数码照片的降噪、锐化和聚焦，人物照片的修饰与处理，数码照片在网络中的应用技巧，数码照片的特效处理，以及以假乱真的合成技术。

本书结构清晰、由易到难，案例精美实用、分解详细，文字叙述通俗易懂，与实践结合非常密切。本书中各个案例的讲解与 Photoshop CC 2023 中的各种功能紧密结合，具有很强的实用性和操作性。

本书适合喜爱数码摄影的初、中级读者作为自学参考书，也可以作为从事数码照片后期处理人员的辅助工具书，还可以供从事平面设计的人员使用，是一本实用的数码照片处理工具书。

图书在版编目（CIP）数据

微课学Photoshop CC数码照片编辑与处理 / 张晓辉编著. —北京：清华大学出版社，2024.2
（清华电脑学堂）

ISBN 978-7-302-65519-0

Ⅰ. ①微⋯ Ⅱ. ①张⋯ Ⅲ. ①图像处理软件 Ⅳ. ①TP391.413

中国国家版本馆CIP数据核字（2024）第044935号

责任编辑：张　敏
封面设计：郭二鹏
责任校对：徐俊伟
责任印制：丛怀宇

出版发行：清华大学出版社
　　　　网　　　　址：https://www.tup.com.cn，https://www.wqxuetang.com
　　　　地　　　　址：北京清华大学学研大厦A座　　　邮　　编：100084
　　　　社　总　机：010-83470000　　　　　　　　邮　　购：010-62786544
　　　　投稿与读者服务：010-62776969，c-service@tup.tsinghua.edu.cn
　　　　质　量　反　馈：010-62772015，zhiliang@tup.tsinghua.edu.cn
　　　　课　件　下　载：https://www.tup.com.cn，010-83470236
印　装　者：涿州汇美亿浓印刷有限公司
经　　销：全国新华书店
开　　本：170mm×240mm　　　印　　张：15.25　　　字　　数：374千字
版　　次：2024年4月第1版　　　印　　次：2024年4月第1次印刷
定　　价：99.00元

产品编号：090107-01

前言

随着数码产品的日益普及，很多昂贵的数码摄像机已经渐渐步入了普通大众的生活中。与传统胶片相机相比，数码相机有携带方便、摄影成本低和操作简单等明显的优势。此外，数码相机与胶片相机相比还有一个绝对性的优势——照片后期处理的灵活性。

众所周知，Photoshop 是目前市场上最为专业的图像处理合成软件。使用它可以对数码照片毫无限制地进行修饰、修改，甚至是颠覆性的再次创作，这在传统摄影技术中无疑是很难实现的。

本书章节及内容安排

本书是一本使用最新版本的 Photoshop CC 2023 软件，向读者全面介绍使用 Photoshop CC 2023 对照片进行修饰、处理及创意设计的综合型教材。全书主要以应用案例为主、基础知识为辅的方式，深入浅出地向读者介绍 Photoshop CC 2023 在处理数码照片过程中的强大功能。

全书共 11 章，由简到难、循序渐进地讲解了数码照片后期处理中各种常见的方法和技巧。

第 1 章，掌握 Photoshop CC 2023 数码照片基本操作，本章主要介绍了数码照片的基础知识，Photoshop CC 2023 的工作界面和基本操作，以及数码照片的基本操作等。

第 2 章，数码照片的颜色与曝光，本章主要介绍了如何使用不同的调整命令对照片的基本影调进行校正的方法，包括照片曝光的修复、校准并定制颜色、修复照片偏色和修复照片中的其他颜色问题等。

第 3 章，数码照片的调色方法，本章主要讲解使用 Photoshop CC 2023 中的各种调色命令对照片影调和色调进行精确调整和美化的方法，包括自动调整照片颜色、调整色调和影调、艺术化色调处理等。

第 4 章，运用图层、蒙版和通道处理照片，本章主要介绍了 Photoshop CC 2023 中的图层和蒙版的操作技巧，包括 Photoshop CC 2023 中的图层、图层蒙版、矢量蒙版、剪贴蒙版、快速蒙版和通道等。

第 5 章，为数码照片增加艺术效果，本章主要讲解了使用 Photoshop CC 2023 中的各种工具和命令为图像添加炫目特效的方法，包括使用绘图工具、使用形状工具、路径的创建和编辑，以及图形的颜色设置与填充等。

第 6 章，选区与抠像技术，本章主要讲解了 Photoshop CC 2023 中各种选区创建工具和命令的使用方法，以及修改和调整选区的技巧，包括创建规则选区、创建不规则选区、使用命令创建选区，以及对选区进行修改和调整等。

第 7 章，数码照片的降噪、锐化和聚焦，本章主要讲解了提高照片品质的方法，包括去除数码照片的噪点、数码照片的锐化处理、使用滤镜突出照片中的细节和为数码照片添加聚焦等。

第 8 章，人像照片的修饰与处理，本章主要介绍了使用 Photoshop CC 2023 中的各种修饰工具对人物面部的瑕疵进行修饰和美化的方法。

第 9 章，数码照片在网络中的应用技巧，本章主要介绍了如何根据数码照片用途的不同进行各种处理的方法，包括制作标准证件照、快速批处理照片、裁剪并拉直照片、制作全景照片、打造高清晰 HDR 照片、PDF 演示文稿、制作 GIF 照片动画和联系表 II 等内容。

第 10 章，数码照片的特效处理，本章主要介绍了如何利用 Photoshop CC 2023 中的各种滤镜为图像添加特效的方法，包括艺术效果滤镜和常用的模糊滤镜等。

第 11 章，以假乱真的合成技术，本章中的案例均为大型合成案例，详细讲解了如何灵活应用各种技巧创作出令人惊艳的合成作品的技法。

本书特点

本书结构清晰明了、深入浅出，操作案例实用精美、分解详细，文字叙述通俗易懂，案例讲解与 Photoshop CC 2023 中的各部分功能紧密结合，具有很强的实用性和操作性。

本书实例丰富，图文并茂，同时赠送一套资源包：PPT 课件、操作视频和源文件，以帮助读者更好地学习相关内容，读者扫描下方二维码即可获取相关资源。

PPT 课件　　　　　　操作视频　　　　　　源文件

由于时间仓促，书中难免有错误和疏漏之处，希望广大读者朋友批评、指正，以便我们改进和提高。

编者
2023 年 10 月

目录

第 1 章
掌握 Photoshop CC 2023 数码照片基本操作

随着数字生活的普及，数码相机已经成为普通家庭不可或缺的数码设备之一。通过数码相机来记录生活中的点点滴滴、为生活留下美好回忆的做法，也渐渐变成人们生活中司空见惯的事情。本章主要向读者介绍数码照片的相关基础知识，并讲解 Photoshop CC 2023 的工作界面及基本操作。

本章知识点

（1）了解数码照片基础知识。
（2）了解 Photoshop CC 2023。
（3）掌握 Photoshop CC 2023 的基本操作。
（4）掌握数码照片的基本操作。
（5）掌握对数码照片进行裁剪的方法。

1.1 数码照片基础知识

数码照片已经逐渐成为人们日常生活中不可缺少的必备品，通过数码相机可以记录生活中的点点滴滴，并将生活中美好的回忆保存下来。对于非专业人员来说，对数码知识的了解可能非常有限，但这些知识在处理数码照片的过程中却是非常必要的。

1.1.1 数码照片的清晰度和像素

购买相机时，常常会听到像素和分辨率这两个概念，它们对相机拍摄的最终照片质量有决定性影响，下面就来详细讲解。

1. 像素

像素是最小的图像单位，这种图像单位在屏幕上通常显示为单个的点。它是由数码相机里传感器上的光敏元件数量决定的，一个光敏元件对应一个像素。因此像素值越大，则意味着光敏元件越多，相应地，拍摄出的数码照片的分辨率就越大，图像的精度也越高。图 1-1 所示为同一照片宽度分别为 40 万像素、120 万像素和 300 万像素的数码照片效果。

像素宽度为 40 万　　　　　　像素宽度为 120 万　　　　　　像素宽度为 300 万

图 1-1　不同像素大小的照片效果

2. 分辨率

数码照片的清晰度和照片本身的分辨率有直接关系。分辨率是指单位尺寸内图像中所含像素点的多少，个数越多分辨率越高，相反则越低。分辨率越高的图片，画面越细致，质量就较高，分辨率低的图片质量则相对较低。图 1-2 所示为同一照片分辨率分别设置为 72dpi、150dpi、300dpi 时的效果。

分辨率为 72dpi 时图像模糊　　　分辨率为 150dpi 时边缘清晰　　　分辨率为 300dpi 时过渡自然

图 1-2　不同分辨率下的照片效果

不同行业对图像分辨率的要求也不尽相同，例如，用于在显示器上显示的图像分辨率只需达到 72dpi 即可；如果要将图像用打印机打印出来，分辨率最低也要达到 150dpi。表 1-1 所示为不同行业对分辨率的要求。

表 1-1　不同行业对分辨率的要求

行业	分辨率 (dpi)	行业	分辨率 (dpi)
喷绘	40 以上	普通印刷	250 以上
报纸、杂志	120~150	数码照片	150 以上
网页	72	高级印刷	600 以上

提示

显示分辨率是显示器在显示数码照片时的分辨率，分辨率是用点来衡量的。显示分辨率的数值是指整个显示器所有可视面积上水平像素和垂直像素的数量。

1.1.2　常见的数码照片存储格式

照片拍摄出来后，可以通过数码冲印将照片冲印出来，但是不同的存储格式对照片的冲印效果有很大影响。目前市场上普通数码相机的照片格式为 JPEG 格式，一些相对比较专业的单反相机可以存储 RAW、TIFF 和 JPEG 这 3 种存储格式。

1. RAW 照片格式

RAW 是专业摄影师比较青睐的存储格式，这种格式可直接读取传感器上的原始记录数据，这些数据尚未经过曝光补偿、色彩平衡等处理，可以任意调整色温和平衡，进行创造性的"暗房"操作，而不会造成图像质量的损失。该格式在保持图像品质的同时，还会记录光圈、快门、焦距、ISO 等数据，为摄影师的后期创作保留了极大的空间。不过这种图像格式会占用大量的空间，所以并不适合初级用户。

2. TIFF 照片格式

TIFF 格式应用非常广泛，它便于在应用程序和计算机平台之间进行数据交换，是一种灵活的图像格式。其采用非失真的压缩方式，能保持原有图像的颜色和层次，从而使照片更加清晰。如果拍摄的照片需要应用于出版印刷，建议将图像保存为 TIFF 格式。但是由于这种图像格式是非破坏性的存储格式，所以直接导致照片占用的存储空间较大。

3. JPEG 照片格式

JPEG 格式是数码相机最常使用的存储格式，它是一种可以提供优质照片质量的压缩格式，是目前所有图像格式中压缩率最高的。这种格式的文件体积通常极小，非常适合存储大量照片的普通用户。JPEG 格式在压缩保存的过程中会以失真方式丢掉一些数据，保存后的照片品质会降低，但是很难被人的肉眼分辨出来，所以并不会影响普通的浏览体验，但是该格式不适合出版印刷。

1.1.3　其他存储格式

除了以上 3 种常见的数码照片存储格式，还有 GIF、PNG 和 BMP 等图像格式也经常会遇到。

1. GIF 图像格式

GIF 格式使用的压缩方式会将图片压缩得很小，非常有利于在因特网上传输，此外它还支持以动画方式存储图像。GIF 格式只支持 256 种颜色，而且压缩率较高，所以比较适合存储颜色线条非常简单的图片。

2. PNG 图像格式

PNG 格式主要应用于网络图像，但是不同于 GIF 格式只能保持 256 色，PNG 格式可以保存 24 位真彩图像，并且支持透明背景和消除锯齿功能，它还可以在不失真的情况下压缩保存图像。

3. BMP 图像格式

BMP 格式最早应用于微软公司的 Windows 操作系统，是一种 Windows 标准的位图图形文件格式。它几乎不压缩图像数据，图片质量较高，但文件体积也相对较大。

1.2　了解 Photoshop CC 2023

Photoshop 对于很多人来并不陌生，它可以直接对数码图像进行精确的编辑，也可以新建图形文件直接进行创作。Photoshop 是一款目前功能较为强大、也较为流行的图像处理软件。

1.2.1　启动 Photoshop CC 2023

　　Photoshop CC 2023 在安装完成后，默认会在桌面上安装启动快捷图标，双击该图标即可启动软件。用户也可以通过 Windows "开始" 菜单运行该程序。

　　单击桌面左下角的 "开始" 按钮，在打开的菜单中选择 "所有程序" 命令，再选择 Adobe Photoshop 2023 命令，如图 1-3 所示，即可启动 Photoshp CC 2023，软件启动界面如图 1-4 所示。

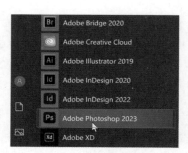

图 1-3　选择相应的命令

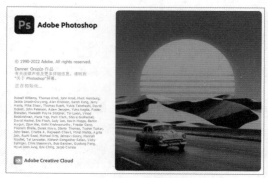

图 1-4　启动界面

　　如果用户的计算机连接到了因特网上，则会要求用户输入 Adobe ID，单击 "下一步" 按钮，打开 Photoshop CC 2023 操作界面，如图 1-5 所示。通过执行 "编辑→首选项→界面" 命令，可以修改软件界面颜色，效果如图 1-6 所示。

图 1-5　Photoshop CC 2023 操作界面

图 1-6　更改软件界面颜色

提示

　　Adobe ID 是 Adobe 公司为了为用户提供更多服务所设置的身份认证号，用户可以在 Adobe 官方网站上直接注册获得。如果不需要此服务，单击 "跳过此步骤" 按钮即可。

1.2.2　退出 Photoshop CC 2023

　　在 Photoshop CC 2023 中完成数码照片的各种操作后，需要退出 Photoshop CC 2023。单击 Photoshop CC 2023 操作界面右上角的 "关闭" 图标，如图 1-7 所示，如果没有对处理过的文件进行保存，则会弹出询问是否保存的提示对话框，如图 1-8 所示。

图 1-7　单击"关闭"按钮

图 1-8　保存提示框

　　单击"是"按钮,则会弹出"存储为"
对话框,如图 1-9 所示。输入文件名,单击
"保存"按钮后,即可退出 Photoshop CC
2023 程序。单击"否"按钮,则直接退出
Photoshop CC 2023 程序。也可以通过执行
"文件→退出"命令退出 Photoshop CC 2023
程序,如图 1-10 所示。

图 1-9　"存储为"对话框

图 1-10　执行"退出"命令

1.2.3　Photoshop CC 2023 的操作界面

　　启动 Photoshop CC 2023 后,出现如图 1-11 所示的操作界面,其中包含文档窗口、
菜单栏、标题栏、工具箱、状态栏、选项栏及面板等区域。

图 1-11　Photoshop CC 202 的工作界面

1. 工具箱

Photoshop CC 2023 的工具箱默认位置在工作区的左侧，包含了所有用于创建和编辑图像的工具。单击"工具箱"顶部的双箭头，可以切换工具箱的显示方式，分为单排显示和双排显示，如图 1-12 所示。

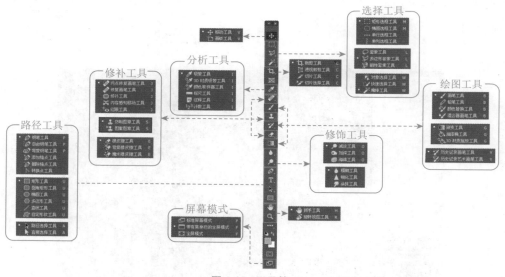

图 1-12　工具箱

- 移动工具箱。启动 Photoshop 时，工具箱默认为左侧显示，将光标放在工具箱顶部双箭头下方如图 1-13 所示的位置，按住鼠标左键拖出，即可放置在窗口的任意位置。
- 选择工具。单击工具箱中的一个工具按钮，即可选择该工具，右下角有三角图标的工具，表示是一个工具组，在该工具组下还隐藏着其他工具。在该工具按钮上按住左键不松或者右击，当工具组显示后即可松开左键，然后选择相应的工具即可，如图 1-14 所示。

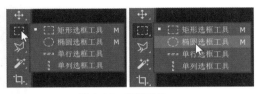

图 1-13 移动工具箱   图 1-14 选择工具

提示

将光标停留在工具图标上稍等片刻，即可显示关于该工具的名称及快捷键提示，通过按下快捷键可以快速选择工具。按 Shift+ 工具组合键，可以依次选择隐藏的按钮。按 Alt 键的同时，在有隐藏工具的按钮上单击，也可以依次选择隐藏的按钮。

2. 选项栏

选项栏可用来设置工具选项，根据所选工具的不同，选项栏中的内容也不同。例如，选择"矩形选框工具"时，选项栏中的内容如图 1-15 所示，选择"渐变工具"时，选项栏中的内容如图 1-16 所示。

图 1-15 "矩形选框工具"选项栏

图 1-16 "渐变工具"选项栏

3. 面板

面板的功能可用来设置颜色、工具参数，以及执行编辑命令。在"窗口"菜单中可以选择需要的面板将其打开，如图 1-17 所示。默认情况下，面板以选项卡的形式成组出现，显示在窗口的右侧，如图 1-18 所示。用户可根据需要打开、关闭或自由组合面板。

提示

过多的面板会占用工作空间，通过组合面板的方法将多个面板组成一个面板组，可增大工作空间。

4. 菜单栏

Photoshop CC 2023 中包含了 12 个主菜单，如图 1-19 所示，Photoshop 中几乎所有的命令都按照类别排列在这些菜单中，包含不同的功能和命令，它们是 Photoshop 中重要的组成部分。

图 1-17 "窗口"菜单

图 1-18 面板

Ps 文件(F) 编辑(E) 图像(I) 图层(L) 文字(Y) 选择(S) 滤镜(T) 3D(D) 视图(V) 增效工具 窗口(W) 帮助(H)

图 1-19 菜单栏

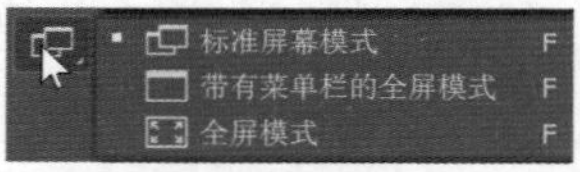

图 1-20 更改屏幕模式

5. 屏幕显示模式

Photoshop 根据不同用户的不同制作需求，提供了不同的屏幕显示模式。单击"工具箱"底部的"更改屏幕模式"按钮，可以选择 3 种不同的显示模式，如图 1-20 所示。

- 标准屏幕模式：默认状态下的屏幕模式，可显示菜单栏、标题栏、滚动栏和其他屏幕元素，如图 1-21 所示。
- 带有菜单栏的全屏模式：显示有菜单栏和 50% 灰色背景、无标题栏和滚动条的全屏窗口，如图 1-22 所示。
- 全屏模式：该模式又被称为专家模式，只显示黑色背景和全屏窗口，不显示标题栏、菜单栏和滚动条，如图 1-23 所示。

图 1-21 标准屏幕模式

图 1-22 带有菜单栏的全屏模式

图 1-23 全屏模式

提示

　　按 F 键可以在 3 种模式下快速切换。在"全屏模式"下可以通过按 F 键或 Esc 键退出全屏模式。按 Tab 键可以隐藏/显示工具箱、面板和选项栏。按 Shift+Tab 组合键可以隐藏/显示面板。在"全屏模式"下按 Enter 键可以将选项栏显示出来。

1.3 Photoshop CC 2023 的基本操作

　　掌握了 Photoshop CC 2023 的基本操作界面后,接下来学习数码照片处理的基本操作。数码照片的基本操作包括打开/关闭照片、保存照片、旋转变换照片,以及调整数码照片尺寸等内容。

1.3.1　新建文件

　　新建和打开文件是数码照片处理的基础操作,只有掌握了这些基础操作,才能为将来数码照片的效果创作打下良好的基础。

　　执行"文件→新建"命令或按 Ctrl+N 组合键,弹出"新建文档"对话框,如图 1-24 所示,在该对话框中可以设置新建文件的宽度、高度、分辨率和颜色模式等基本参数。

　　"新建文档"对话框分为左右两部分,左侧是为了方便用户操作

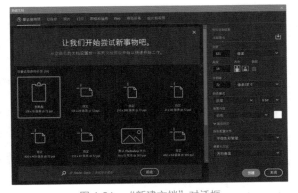

图 1-24　"新建文档"对话框

而提供的最近使用项和不同行业的模块文件,右侧为预设详细信息。使用 Photoshop 提供的预设功能,能够很容易地创建常用尺寸的文件,减少麻烦,提高工作效率。

- 名称:用于输入新文件名的名称;若不输入,则以默认名"未标题 -1"为名;如连续新建多个文件,则文件名按顺序分别为"未标题 -2""未标题 -3"等。新建每个照片文档时,都要为其命名,以方便对其进行管理操作。
- 宽度/高度:用于设定图像的宽度和高度,可在其文本框中输入具体数值。但要注意,在设定前需要确定文件尺寸的单位,在其后面列表框中选择单位,如像素、英寸、厘米、毫米、点等,如图 1-25 所示。
- 分辨率:该选项用来设置新建文件的分辨率,用来印刷的照片分辨率通常为 300 像素/英寸,用来制作网页的照片分辨率为 72 像素/英寸,不同分辨率的照片尺寸也会不同。图 1-26 所示为同一张照片不同分辨率的效果。
- 颜色模式:在该选项菜单下可以选择常用的几种颜色模式。一般情况下不用作印刷的照片都会选择 RGB 模式,要用作印刷的照片会选择 CMYK 模式。可以从右侧的下拉列表框中选择色彩模式的位数,有 8bit(位)、16bit(位)和 32bit

（位）3 种选择，如图 1-27 所示。

300 像素/英寸

72 像素/英寸

图 1-25　宽高单位　　　　　　　　　　图 1-26　宽高单位

- 内容背景：该列表框用于设定新图像的背景层颜色，从中可以选择白色、黑色、背景色、透明和自定义 5 种方式，如图 1-28 所示。如果选择自定义背景色方式，可以在弹出的"拾色器"面板中选择背景色，如图 1-29 所示。

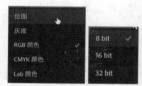

图 1-27　颜色模式和位数　　　图 1-28　内容背景　　　　图 1-29　"拾色器"对话框

- 高级选项：包括颜色配置文件和像素长宽比。颜色配置文件用于设定当前图像文

件要使用的色彩配置文件；像素长宽比用于设定图像的长宽比。此选项在图像输出到电视屏幕时有用。

　　用户使用 Web 和移动设备模板新建的文件，将使用画板作为工作区域，使用其他模板新建的文件，将使用画布作为工作区，如图 1-30 所示。

图 1-30　新建的画布文档和画板文档

提示

　　画布与画板的区别除了在操作方法上略有不同外，一个文档中只能存在一个画布，但却可以同时存在多个画板，且每个画板都是独立存在的，可以进行不同的编辑操作。

1.3.2　应用案例——新建一个 2 英寸照片文档

源文件：无

视频：视频 / 第 1 章 / 新建一个 2 寸照片文档

Step 01 执行"文件→新建"命令，弹出"新建文档"对话框，如图 1-31 所示。

Step 02 单击"照片"选项，单击下方模板文件列表中的"纵向 2×3"文件，如图 1-32 所示。

图 1-31　"新建文档"对话框

图 1-32　选择模板文件

Step 03 在右侧顶部文本框中设置文档名称为"2 寸照片"，如图 1-33 所示。

Step 04 单击"创建"按钮，完成 2 英寸照片文档的创建，如图 1-34 所示。

图 1-33　修改文档名称

图 1-34　新建 2 英寸照片文档

提示

用户如果想使用旧版的"新建"对话框，可以执行"编辑→首选项→常规"命令，在弹出的"首选项"对话框中选择"使用旧版'新建文档'界面"复选框。

1.3.3　打开和保存文件

编辑处理数码照片前的第一步就是要打开数码照片，Photoshop CC 2023 中有很多方法可以打开数码照片。执行"文件→打开/打开为 /打开为智能对象/最近打开文件"命令，都可以打开需要编辑的数码照片，如图 1-35 所示，执行任意一个命令，都会弹出相应的"打开"对话框，如图 1-36 所示。此外，用户还可以将选择的照片直接拖曳到

Photoshop CC 2023 的界面中快速将其打开。

提示

　　打开 Photoshop CC 2023 软件后，按 Ctrl+O 组合键，可以弹出"打开"对话框。要打开连续的文件可以单击第一个文件，然后按住 Shift 键，再单击需要同时选中的最后一个文件，单击"打开"即可。要打开不连续的文件，可以按住 Ctrl 键，依次单击要打开的不连续文件，单击"打开"按钮即可。

　　照片处理完成后，执行"文件→存储"命令就可以保存处理后的照片，执行"文件→存储为"命令可以将当前编辑的照片文件保存到其他位置，如图 1-37 所示。无论是执行"存储"命令还是"存储为"命令，都会打开"存储为"对话框，如图 1-38 所示。

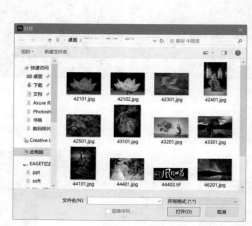

图 1-35　执行命令　　　　　　图 1-36　"打开"对话框　　　　　　图 1-37　执行命令

　　单击"存储为"对话框中的"存储副本"按钮或者执行"文件→存储副本"命令，弹出"存储副本"对话框，如图 1-39 所示。用户可以为当前文件存储一个副本文件，增加文件的安全性，避免存储时出现由于文件重名而覆盖原文件的情况。

图 1-38　"存储为"对话框　　　　　　　　图 1-39　"存储副本"对话框

1.4　数码照片的基本操作

数码照片的基本操作包括照片大小、画布大小的调整，以及照片的旋转、裁剪等工作。这些工作虽然简单，但却是最常用的功能。接下来学习在 Photoshop CC 2023 中如何对数码照片进行基本的操作。

1.4.1　调整数码照片的尺寸

拍摄出来的照片需要调整为不同的尺寸，才能被用作不同的用途。执行"图像→图像大小"命令，弹出"图像大小"对话框，如图 1-40 所示，在该对话框中可以查看并修改文件的尺寸和分辨率。

图 1-40　"图像大小"对话框

1.4.2　应用案例——调整数码照片的尺寸

源文件：源文件 \ 第 1 章 \ 调整数码照片的尺寸
视频：视频 \ 第 1 章 \ 调整数码照片的尺寸

Step01 打开素材图像"源文件 \ 第 1 章 \ 素材 \01.jpg"，如图 1-41 所示。

Step02 执行"图像→图像大小"命令，弹出"图像大小"对话框，显示图像的原始尺寸，如图 1-42 所示。

图 1-41　打开素材图像

图 1-42　"图像大小"对话框

Step03 在对话框中修改"调整为"的"宽度"为 10 英寸，可以看到"高度"的数值会自动变化。再设置"重新采样"为"保留细节（扩大）"，如图 1-43 所示。

Step04 单击"确定"按钮完成设置，得到图像放大的效果，如图 1-44 所示。

图 1-43 "图像大小"对话框　　　　　　　　　　图 1-44 图像放大效果

图 1-45 "画布大小"对话框

1.4.3 修改照片画布

　　画布是指整个文档的工作区域，也就是图像的显示区域，在处理图像时，可以根据需要来增大或者减小画布。当增大画布大小时，可在图像周围添加空白区域；当减小画布大小时，则裁剪图像。执行"图像→画布大小"命令，弹出"画布大小"对话框，如图 1-45 所示。

1.4.4 应用案例——调整画布，为照片添加边缘

源文件：源文件 \ 第 1 章 \ 调整画布，为照片添加边缘
视频：视频 \ 第 1 章 \ 调整画布，为照片添加边缘

Step01 打开素材图像"源文件 \ 第 1 章 \ 素材 \02.jpg"，如图 1-46 所示。
Step02 执行"图像→画布大小"命令，弹出"画布大小"对话框，设置参数如图 1-47 所示。单击"确定"按钮，图像效果如图 1-48 所示。

图 1-46 打开素材图像　　图 1-47 设置"画布大小"对话框中的参数　　图 1-48 图像效果

　　Step03 再次执行"图像→画布大小"命令，弹出"画布大小"对话框，设置参数如图 1-49 所示。单击"确定"按钮，图像效果如图 1-50 所示。
　　Step04 打开素材图像"源文件 \ 第 1 章 \ 素材 \03.jpg"，如图 1-51 所示。

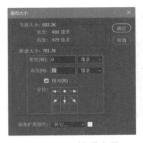  

图 1-49　设置参数　　　　图 1-50　图像效果　　　　图 1-51　打开素材图像

Step05 将处理好的图像拖入到该文档中，按 Ctrl+T 组合键，调整其大小和角度，图像效果如图 1-52 所示。

Step06 执行"图层→图层样式→投影"命令，弹出"图层样式"对话框，设置参数如图 1-53 所示。单击"确定"按钮，图像效果如图 1-54 所示。

 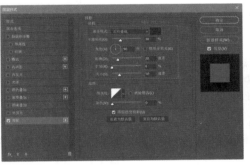 

图 1-52　拖入照片并调整　　　图 1-53　设置图层样式　　　　图 1-54　图像效果
　　　　大小和角度

1.4.5　旋转画布

使用"图像旋转"命令可以旋转或翻转整个照片，该命令适用于整个照片，不适用于单个图层或图层的一部分、路径及选区边框。选中需要旋转的照片，执行"图像→图像旋转"命令，在打开的子菜单中可以选择 180 度、顺时针 90 度、逆时针 90 度、任意角度、水平翻转画布和垂直翻转画布等命令，如图 1-55 所示。

图 1-55　"图像旋转"子菜单

1.4.6　应用案例——使用"图像旋转"命令校正数码照片

源文件：源文件 \ 第 1 章 \ 使用"图像旋转"命令校正数码照片

视频：视频 \ 第 1 章 \ 使用"图像旋转"命令校正数码照片

Step01 打开素材图像"源文件 \ 第 1 章 \ 素材 \04.jpg"，如图 1-56 所示。

Step02 单击工具箱中的"标尺工具"按钮，在照片中单击并拖动鼠标绘制出标尺线，如图 1-57 所示。

图 1-56　打开素材图像

图 1-57　绘制标尺线

Step 03 执行"图像→图像旋转→任意角度"命令，弹出"旋转画布"对话框，如图 1-58 所示。

Step 04 在该对话框中自动显示了标尺工具测量的角度，直接单击"确定"按钮，图像效果如图 1-59 所示。

图 1-58　"旋转画布"对话框

图 1-59　图像效果

Step 05 单击工具箱中的"裁剪工具"按钮，在绘图窗口中拖出如图 1-60 所示的裁剪区域。按 Enter 键完成照片的裁剪，图像效果如图 1-61 所示。

图 1-60　拖出裁剪区域

图 1-61　图像效果

Step 06 单击工具箱中的"多边形套索工具"按钮，沿着白色区域创建选区，如图 1-62 所示。执行"编辑→填充"命令，弹出"填充"对话框，设置参数如图 1-63 所示。

图 1-62　创建选区

图 1-63　设置"填充"对话框中的参数

Step 07 设置完成后单击"确定"按钮，得到图像修补效果，如图 1-64 所示。

Step 08 使用相同的方法修补其他的白色区域，最终图像效果如图 1-65 所示。

图 1-64　图像修补效果

图 1-65　最终图像效果

1.4.7　数码照片的变换操作

除了可以对数码照片执行旋转操作，还可以执行"编辑→变换"命令，如图 1-66 所示。"变换"命令可以将变换应用于整个图层、单个图层和多个图层或图层蒙版中，但不能应用到只有背景图层的照片中。

执行这些命令时，当前对象上会显示定界框、中心点和控制点，如图 1-67 所示。定界框四周的小方块是控制点，拖动控制点可以进行变换操作。中心点位于对象的中心，用于定义对象的变换中心，拖动它可以移动对象的位置。

图 1-66　"变换"子菜单

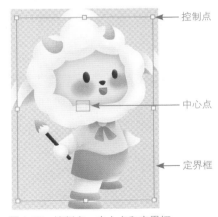

图 1-67　控制点、中心点和定界框

1. 缩放和旋转图像

执行"编辑→变换"菜单下的"缩放"或"旋转"命令，拖动调整图像四周的定界框，实现缩放和旋转图像的操作，"变换"命令选项栏如图 1-68 所示。

参考点的位置　　　缩放比例　　　　水平斜切　　　　　　　取消变换

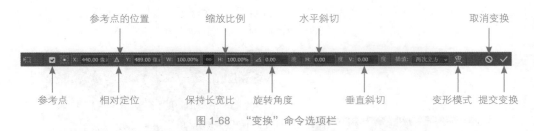

参考点　　相对定位　　保持长宽比　　旋转角度　　垂直斜切　　　变形模式　提交变换

图 1-68　"变换"命令选项栏

2. 斜切和扭曲

执行"变换"菜单中的"斜切"和"扭曲"命令，可以对图像进行斜切和扭曲操作，如图 1-69 所示。使用"变换"菜单中的"透视"命令，再配合"扭曲"命令，可以制作出有趣的图像效果。

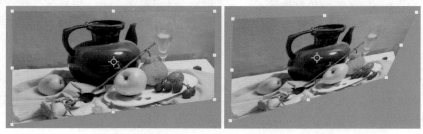

图 1-69　斜切图像和扭曲图像

3. 透视和变形

执行"变换"菜单中的"透视"和"变形"命令，可以对图像进行单点透视和变形操作。"变形"命令选项栏如图 1-70 所示。

更改变形方向　　　　　　　　　　　　　　　　　重置变形

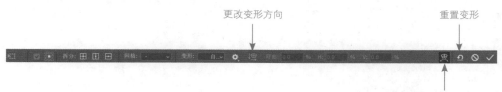

在自由变换和变形模式之间切换

图 1-70　"变形"命令选项栏

> **提示**
>
> "变形"命令允许用户拖动控制点来变换图像的形状、路径等，也可以使用选项栏中"变形样式"下拉列表框中的形状进行变形。"变形样式"下拉列表框中的形状是可延展的，可拖动它们的控制点。

1.4.8　应用案例——透视变化制作灯箱

源文件：源文件\第 1 章\透视变化制作灯箱

视频：视频\第 1 章\透视变化制作灯箱

Step01 打开素材图像 "源文件 \ 第 1 章 \ 素材 \05.jpg、06.jpg",如图 1-71 所示。

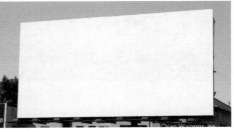

图 1-71 打开素材图像

Step02 使用 "移动工具" 将人物图像拖曳到灯箱图像中,执行 "编辑→自由变换" 命令,调整图像大小如图 1-72 所示。执行 "编辑→变换→透视" 命令,拖动控制点,效果如图 1-73 所示。

图 1-72 调整图像大小　　　　　　　　　图 1-73 透视调整

Step03 执行 "编辑→变换→扭曲" 命令,调整图像控制点,以适应灯箱大小,效果如图 1-74 所示。

Step04 单击 "提交变换" 按钮,完成操作,效果如图 1-75 所示。

图 1-74 扭曲图像　　　　　　　　　图 1-75 变换效果

1.4.9 应用案例——制作照片的镜像效果

源文件:源文件 \ 第 1 章 \ 制作照片的镜像效果

视频:视频 \ 第 1 章 \ 制作照片的镜像效果

Step01 打开素材图像 "源文件 \ 第 1 章 \ 素材 \07.jpg",如图 1-76 所示。按 Ctrl+J 组合键复制图层,如图 1-77 所示。

图 1-76　打开素材图像

图 1-77　复制图层

Step 02 执行"图像→画布大小"命令，弹出"画布大小"对话框，设置参数如图 1-78 所示。单击"确定"按钮，得到画布扩展效果，如图 1-79 所示。

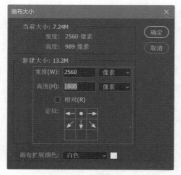

图 1-78　设置参数

图 1-79　画布扩展效果

Step 03 执行"编辑→变换→垂直翻转"命令，变换图像效果如图 1-80 所示。

Step 04 使用"移动工具"将垂直翻转的图像拖动到合适的位置，最终镜像效果如图 1-81 所示。

图 1-80　变换图像效果

图 1-81　镜像效果

1.5　对数码照片进行裁剪

裁剪图像的主要目的是调整图像的大小、获得更好的构图或删除不需要的内容。使用"裁剪工具"或"裁切"命令都可以裁剪图像。

1.5.1　了解"裁剪工具"

单击工具箱中的"裁剪工具"按钮，在图片周围将显示裁剪标记，如图 1-82 所示。向上拖动底部的裁剪标记，在裁剪区域内双击，即可完成裁剪操作，如图 1-83 所示。

图 1-82　使用裁剪工具　　　　　　　　　　图 1-83　裁剪效果

"裁剪工具"选项栏如图 1-84 所示。

图 1-84　"裁剪工具"选项栏

> **提示**
>
> 要想在执行裁剪操作时，裁剪框不随操作自动移动，只需要在"裁剪工具"选项栏的"设置其他裁切选项"下取消选择"自动居中预览"复选框。

1.5.2　应用案例——使用"裁剪工具"裁剪图像

源文件：源文件 \ 第 1 章 \ 使用"裁剪工具"裁剪图像

视频：视频 \ 第 1 章 \ 使用"裁剪工具"裁剪图像

Step01 打开素材图像"源文件 \ 第 1 章 \ 素材 \08.jpg"，如图 1-85 所示。

Step02 单击工具箱中的"裁剪工具"按钮，选择选项栏中的"内容识别"复选框，单击"拉直"按钮，在图像中沿地平线拉出一条直线，如图 1-86 所示。

Step03 绘制完拉直线条后即可松开鼠标左键，裁剪框效果如图 1-87 所示。

Step04 单击选项栏中的"提交当前裁剪操作"按钮，完成图像的裁切操作，图像效果如图 1-88 所示。

图 1-85　打开素材图像

图 1-86　绘制拉直线条

图 1-87　裁剪框效果

图 1-88　图像裁切效果

1.5.3　裁剪视图

Photoshop 引进了专业级照片处理软件 Lightroom 中的裁剪辅助线，这些视图方式可以帮助用户快速裁剪出构图方式更专业的图像。

1. 三等分

三分法构图是黄金分割的简化，其基本目的就是避免对称式构图。这种画面构图表现鲜明，构图简练，任意两条线的交点就是视觉的兴趣中心，这些兴趣点就是放置主体的最佳位置。这种构图适宜多形态平行焦点的主体，如图 1-89 所示。

2. 网格

裁剪网格会在裁剪框内显示出很多具有水平线和垂直线的方形小网格，以帮助用户对齐照片，通常用于纠正地平线倾斜的照片。只需要选择小方格对齐的方式，然后再旋转、拖曳任何一个角就可以手动对齐，如图 1-90 所示。

图 1-89　三等分

图 1-90　网格

3. 对角

对角也称为斜井字线，也是利用黄金分割法的一种构图方法，与三分法类似。利用倾斜的 4 条线将视觉中心引向任意两条线相交的交点，即视觉兴趣中心所在点，可以利用裁切框很好地进行对角线构图，如图 1-91 所示。

4. 三角形

这种构图是以三点成面的几何构成来安排景物，形成一个稳定的三角形。这种三角形既可以是正三角，也可以是斜三角或倒三角，其中斜三角较为常用，也较为灵活。三角形构图具有安定、均衡但不失灵活的特点，如图 1-92 所示。

图 1-91　对角　　　　　　　　　　　图 1-92　三角形

5. 黄金比例

黄金分割法是摄影构图中的经典法则，使用"黄金分割法"对画面进行裁剪构图时，画面的兴趣中心应该位于或靠近两条线的交点，此方法在人像拍摄中运用得较多，Photoshop 会自动根据照片的横竖幅调整网格的横竖，如图 1-93 所示。

6. 金色螺线

这种网格被称为"黄金螺旋线"，通过在螺旋线周围安排对象，引导观赏者的视线走向画面的兴趣中心。以图片的主体作为起点，就是黄金螺旋线绕得最紧的那一端。这种类型的构图通过那条无形的螺旋线条，会吸引住观赏者的视线，创造出一个更为对称的视觉线条和一个全面引人注目的视觉体验，如图 1-94 所示。

图 1-93　黄金比例　　　　　　　　　图 1-94　金色螺线

1.5.4　了解"透视裁剪工具"

使用"透视裁剪工具"裁剪图像，可以旋转或者扭曲裁剪定界框，裁剪后可对图像应用透视变换，选择"透视裁剪工具"后，选项栏如图 1-95 所示。

图 1-95　"透视裁剪工具"选项栏

1.5.5 应用案例——使用"金色螺线"裁剪图像

源文件：源文件\第 1 章\使用"金色螺线"裁剪图像
视频：视频\第 1 章\使用"金色螺线"裁剪图像

Step 01 打开素材图像"源文件\第 1 章\素材\09.jpg"，如图 1-96 所示。

Step 02 单击工具箱中的"裁剪工具"按钮，在选项栏的"设置裁剪工具的叠加选项"下拉列表框中选择"金色螺线"选项，在图像中单击任意部位显示出螺旋线，如图 1-97 所示。

图 1-96　打开素材图像　　　　　　　　　　图 1-97　螺旋线效果

Step 03 拖动四周的裁剪框，直到螺旋线的起点与图像中的人物位置重合，如图 1-98 所示。

Step 04 单击选项栏中的"提交当前裁剪操作"按钮，完成图像的裁剪操作，单击工具箱中的任意其他工具按钮，图像效果如图 1-99 所示。

图 1-98　裁剪框效果　　　　　　　　　　图 1-99　图像裁剪效果

1.6 本章小结

　　本章主要讲解了利用 Photoshop CC 2023 处理照片的基本操作，包括调整大小、旋转、变换和裁剪等方法，了解了 Photoshop CC 的启动方法、基本工作区域、面板等，讲解了如何新建照片文件、保存照片文件等。通过本章的学习，读者需要掌握照片的基本操作，并能够熟练地应用到实际生活中。

在使用数码相机拍摄照片时，由于受拍摄者专业技术、特殊天气或周围建筑物遮挡等因素的影响，会导致拍摄的照片无法达到满意的效果，出现曝光和颜色不正常的现象，如曝光过度、曝光不足、逆光、偏色等。本章将为读者讲解通过 Photoshop CC 2023 的相关功能对照片的曝光和颜色缺憾进行处理的方法。

本章知识点

（1）掌握照片曝光的修复方法。
（2）掌握数码照片的校准并定制颜色的方法。
（3）掌握修复照片偏色的方法。
（4）掌握修复照片中的其他颜色问题的方法。

2.1 修复照片的曝光

一张清晰完美的照片，最基本的要求就是要曝光准确，也就是说既不能太亮（又称曝光过度）也不能太暗（又称曝光不足）。但对于非专业摄影人士来说，由于摄影技术不成熟，拍摄的照片经常会出现曝光过度或曝光不足的情况，在完美的影像上留下一些缺憾。本节将为读者讲解校正照片曝光不准确的方法。

2.1.1 使用"曝光度"命令

"曝光度"命令是专门针对照片曝光不准确而导致图像偏亮或偏暗，对照片的曝光效果进行整体校正的工具。

执行"图像→调整→曝光度"命令，弹出"曝光度"对话框，如图 2-1 所示，在该对话框中可以对曝光度的相关参数进行设置。单击"图层"面板下方的"创建新的填充或调整图层"按钮 ，在打开的下拉列表框中选择"曝光度"选项，打开"属性"面板，如图 2-2 所示，在该面板中也可以对曝光度的相关参数进行设置。

提示

无论是通过"曝光度"对话框还是"属性"面板都可以对照片的曝光进行校正，但是通过"曝光度"对话框是直接对图像像素进行调整并扔掉之前的图像信息。而通过"属性"面板则可以在调整后保留当前调整图层。

- 预设。预设右侧的下拉列表框有 6 个选项可以选择，分别是默认值、减 1.0、减 2.0、加 1.0、加 2.0 和自定。其中加、减是快速调整图像曝光度的数值，对应下方的"曝光度"参数，如图 2-3 所示。

图 2-1　"曝光度"对话框　　　　图 2-2　"属性"面板　　　　图 2-3　"预设"下拉列表框

- 曝光度。设置照片的曝光度，数值范围为 $-20 \sim 20$，通过拖曳该滑块或输入相对应的数值对照片的曝光度进行调整。设置正值与负值，分别可以增强与降低照片的曝光度。图 2-4 所示分别为原始照片与调整"曝光度"选项后的效果。

图 2-4　调整"曝光度"前后的对比效果

- 位移。对照片中的阴影和中间调影响较大，对高光部分会产生轻微影响。数值范围为 $-0.5000 \sim 0.5000$，通过拖曳滑块或输入具体的数值对照片的明暗度进行调整，设置正值与负值分别可以增强或减弱照片的整体明暗度。图 2-5 所示分别为原始照片与调整"位移"选项后的效果。

图 2-5　调整"位移"前后的对比效果

- 灰度系数校正。使用简单的乘方函数调整照片的灰度系数，数值范围为 0.01 ～ 9.99，通过拖曳滑块或输入相对的数值对照片的灰度系数进行调整，设置正值与负值分别可以增强或减弱照片的整体明暗度。图 2-6 所示分别为原始照片与调整"灰度系数校正"选项后的效果。

图 2-6　调整"灰度系数校正"前后的对比效果

2.1.2　应用案例——使用"曝光度"制作阴暗边缘效果照片

源文件：源文件 \ 第 2 章 \ 使用"曝光度"制作阴暗边缘效果照片
视频：视频 \ 第 2 章 \ 使用"曝光度"制作阴暗边缘效果照片

Step01 打开素材图像"源文件 \ 第 2 章 \ 素材 \01.jpg"，如图 2-7 所示。

Step02 单击"图层"面板下方的"创建新的填充或调整图层"按钮，在打开的下拉列表框中选择"曲线"选项，在"属性"面板中分别选择"红"和"蓝"，设置参数如图 2-8 和图 2-9 所示。

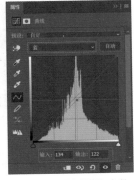

图 2-7　打开素材图像　　　图 2-8　设置"红"参数　　　图 2-9　设置"蓝"参数

Step03 设置完成后得到的图像效果如图 2-10 所示。使用"椭圆选框工具"在画布中创建选区，效果如图 2-11 所示。

图 2-10　图像效果　　　　　　图 2-11　创建椭圆选区

Step 04 执行"选择→反选"命令。新建"曝光度"调整图层,"图层"面板如图 2-12 所示。在"属性"面板中设置"曝光度"参数,如图 2-13 所示。

图 2-12 "图层"面板

图 2-13 设置"曝光度"参数

Step 05 返回"图层"面板,双击"曝光度 1"图层缩览图,在打开的"蒙版"面板中设置"羽化"数值,如图 2-14 所示。最终照片效果如图 2-15 所示。

图 2-14 设置"羽化"数值

图 2-15 最终照片效果

提示

　　创建选区是用来配合图层蒙版使用的,被选区框选的区域就是进行"曝光"设置的区域,而没有被框选的区域则是被图层蒙版遮盖的区域,也就是不需要进行"曝光"设置的区域。若不创建选区,可以直接创建调整图层,然后选择图层蒙版,使用黑色柔边画笔在画布中心部分涂抹即可。

2.1.3 使用"加深工具"和"减淡工具"

　　"加深工具" 与"减淡工具" 可以有针对性地处理照片上由于曝光不足或曝光过度造成的局部变亮或变暗的区域。

　　选择"加深工具"或"减淡工具"后,在选项栏中可以对所选工具进行精确设置,两种工具在选项栏中的选项完全相同,更改两种工具中任意一种选项栏中的设置,另一种工具的相关属性都会发生变化,"加深工具"选项栏如图 2-16 所示。

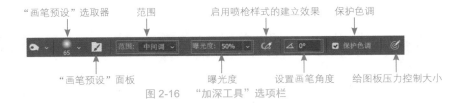

"画笔预设"选取器　　　范围　　　　启用喷枪样式的建立效果　保护色调

"画笔预设"面板　　　　曝光度　　设置画笔角度　给图板压力控制大小

图 2-16　"加深工具"选项栏

2.1.4　应用案例——使用"减淡工具"修复照片中人物脸部阴影

源文件：源文件 \ 第 2 章 \ 使用"减淡工具"修复照片中人物脸部阴影
视频：视频 \ 第 2 章 \ 使用"减淡工具"修复照片中人物脸部阴影

Step 01 打开素材图像"源文件 \ 第 2 章 \ 素材 \02.jpg"，如图 2-17 所示。

Step 02 按 Ctrl+J 组合键复制"背景"图层，得到"图层 1"图层，"图层"面板如图 2-18 所示。

Step 03 单击工具箱中的"减淡工具"按钮，在选项栏中选择合适的笔触大小与曝光度，在照片中人物面部的阴影部位适当涂抹，效果如图 2-19 所示。单击"图层"面板下方的"创建新的填充或调整图层"按钮 ，在打开的下拉列表框中选择"色阶"选项，新建"色阶"调整图层，打开"属性"面板，设置参数如图 2-20 所示。

   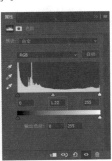

图 2-17　打开素材图像　　图 2-18　"图层"面板　　图 2-19　照片效果 1　　图 2-20　设置参数

提示

　　在使用"减淡工具"对人物脸部阴影部位进行涂抹时，不要对同一个地方反复涂抹，另外，还要针对需要减淡的位置随时调整笔触大小与曝光度，时刻注意人物脸部的明暗度效果。

Step 04 在"图层"面板中生成"色阶 1"调整图层，"图层"面板如图 2-21 所示。照片效果如图 2-22 所示。

Step 05 新建"色相/饱和度"调整图层，打开"属性"面板，设置参数如图 2-23 所示。在"图层"面板中生成"色相/饱和度 1"调整图层，"图层"面板如图 2-24 所示。最终照片效果如图 2-25 所示。

图 2-21　"图层"面板　　图 2-22　照片效果 2

图 2-23　设置参数

图 2-24　"图层"面板

图 2-25　最终照片效果

2.1.5　使用"阴影/高光"命令

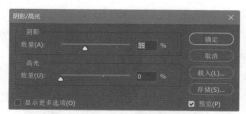
图 2-26　"阴影/高光"对话框

　　"阴影/高光"命令可以对照片的整体阴影和高光效果进行快速校正，该命令主要用来调整因为侧光或逆光拍摄所导致的图像主体过暗的问题。

　　执行"图像→调整→阴影/高光"命令，弹出"阴影/高光"对话框，如图 2-26 所示，用户可以在该对话框中设置图像阴影变亮或高光变暗的数值。

提示

　　选择"阴影/高光"对话框下方的"显示更多选项"复选框，在当前对话框中可以对阴影和高光参数进行进一步的设置，在校正照片的曝光时通常不使用这些选项。

2.1.6　应用案例——使用"阴影/高光"命令校正逆光照片

　　源文件：源文件\第 2 章\使用"阴影/高光"命令校正逆光照片
　　视频：视频\第 2 章\使用"阴影/高光"命令校正逆光照片

Step01 打开素材图像"源文件\第 2 章\素材\03.jpg"，如图 2-27 所示。按 Ctrl+J 组合键复制背景图层，得到"图层 1"图层，"图层"面板如图 2-28 所示。

图 2-27　打开素材图像

图 2-28　"图层"面板

Step 02 执行"图像→调整→阴影/高光"命令，在弹出的"阴影/高光"对话框中进行相应的设置，如图 2-29 所示，图像效果如图 2-30 所示。

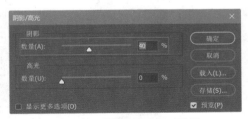

图 2-29　"阴影/高光"对话框

图 2-30　图像效果 1

Step 03 新建"曲线"调整图层，在打开的"属性"面板中设置参数，如图 2-31 所示。"图层"面板中将自动生成"曲线 1"调整图层，"图层"面板如图 2-32 所示。图像的调整效果如图 2-33 所示。

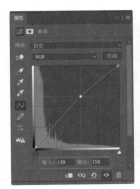

图 2-31　设置参数

图 2-32　"图层"面板

图 2-33　图像效果 2

Step 04 按 Ctrl+Alt+Shift+E 组合键盖印可见图层，得到"图层 2"图层，"图层"面板如图 2-34 所示。单击工具箱中的"减淡工具"按钮，适当调整画笔的大小和曝光度，在图像中人物的阴影部位涂抹，图像效果如图 2-35 所示。

图 2-34　"图层"面板

图 2-35　图像效果 3

Step 05 新建"色彩平衡"调整图层，在打开的"属性"面板中设置参数，如图 2-36 所示。最终图像效果如图 2-37 所示。

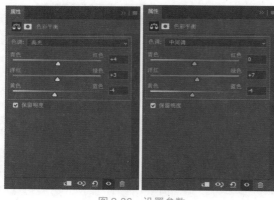

图 2-36 设置参数

图 2-37 最终图像效果

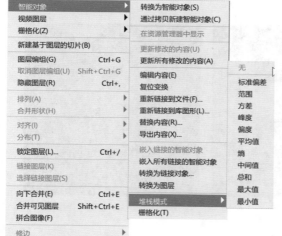

图 2-38 "堆栈模式"子菜单

2.1.7 使用图像堆栈命令

图像堆栈将一组参考帧相似、但品质或内容不同的图像组合在一起。将多个图像组合到堆栈中后，就可以对它们进行处理，生成一个复合视图，消除不需要的内容或杂色。使用图像堆栈可以在很多方面增强图像。

执行"图层→智能对象→堆栈模式"命令，可以在打开的子菜单中选择相应的混合模式编辑图像，如图 2-38 所示。

2.1.8 应用案例——使用图像堆栈提升面部亮度

源文件：源文件\第 2 章\使用图像堆栈提升面部亮度
视频：视频\第 2 章\使用图像堆栈提升面部亮度

Step 01 打开素材图像"源文件\第 2 章\素材\04.jpg"，如图 2-39 所示。按 Ctrl+J 组合键两次复制两个背景图层，"图层"面板如图 2-40 所示。

Step 02 按住 Shift 键的同时选择复制的两个图层，执行"图层→智能对象→转换为智能对象"命令，"图层"面板如图 2-41 所示。

Step 03 按 Ctrl+J 组合键，将智能对象图层复制一个。选择复制图层，执行"图像→智能对象→堆栈模式→最大值"命令，修改图层"混合模式"为"滤色"，图像效果如图 2-42 所示。

图 2-39　打开素材图像　　　　图 2-40　"图层"面板　　　　图 2-41　转换为智能对象

Step 04 选择"图层 1 拷贝"图层，执行"图层→智能对象→堆栈模式→最小值"命令，修改图层"混合模式"为"叠加"，效果如图 2-43 所示。

图 2-42　设置堆栈模式为"最大值"　　　　图 2-43　设置堆栈模式为"最小值"

2.2　校准并定制颜色

在不同的软件或显示器中，即使是同样的照片显示效果也会有一定的偏差，从而无法准确校正照片的颜色。如果想要准确地校正照片颜色，首先需要对软件或显示器的颜色进行校准，这样才能保证调整后的照片与打印出来的照片效果更接近。接下来讲解校准并定制颜色的方法。

2.2.1　颜色设置

在校正照片前需要考虑到这样一种情况，是否需要将拍摄的照片打印输出或传送到其他人的计算机中。因为不同软件的颜色配置有所不同，会造成照片显示偏差或无法打印输出最佳效果，所以在校正照片前需要对软件的颜色配置进行设置，以达到最佳的显示和输出效果。

在 Photoshop CC 2023 中，执行"编辑→颜色设置"命令，在弹出的"颜色设置"对话框中可以对颜色进行配置，如图 2-44 所示。

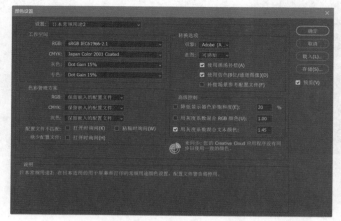

图 2-44 "颜色设置"对话框

提示

对于专业设计师来说，掌握颜色配置是一项最基本的要求，但是对照片色彩并没有太大要求的摄影者来说，不必深入了解颜色配置的方法，只需要作为一种参考即可。

2.2.2 认识颜色视图

在"视图"下拉菜单中的前 3 个命令分别是"校样设置""校样颜色""色域警告"，如图 2-45 所示。这 3 个选项与颜色校样有关，可以帮助用户校正屏幕中照片的显示效果，让照片打印输出的效果尽可能与屏幕中预览的效果相同，这样才能对照片进行精确校正。

1. 校样设置

可以在"校样设置"子菜单中选择当前视图的显示方法，默认选择"工作中的CMYK"命令，如图 2-46 所示。只要选择相应的命令，就会在屏幕中显示相对应的命令的预览方式。

执行"视图→校样设置→自定"命令，弹出"自定校样条件"对话框，如图 2-47 所示，其中可以自定义照片在屏幕中的预览方式。

图 2-45 "视图"菜单　图 2-46 "校样设置"子菜单　　图 2-47 "自定校样条件"对话框

2. 校样颜色

用于控制设置的校样颜色的显示或关闭，以"工作中的 CMYK"为例，图 2-48 所示分别为原始照片与校样颜色后的效果。

原始照片　　　　　　　　　　　　校样颜色效果

图 2-48　校样颜色

3. 色域警告

色域是指颜色系统可以显示或打印的颜色范围。Photoshop 软件中的图像默认以 RGB 模式显示，有时需要更改照片的模式，比如将图像更改为 CMYK 模式，这时照片有可能因为模式的转换而导致颜色出现偏差。执行"色域警告"命令后，图像将高亮显示位于当前校样配置文件空间色域之外的所有像素，图 2-49 所示分别为原始照片与执行"色域警告"命令后的效果。

原始照片　　　　　　　　　　　　色域警告效果

图 2-49　色域警告

2.3　修复照片偏色

造成照片偏色的主要原因是色温，色温过强或偏弱都有可能造成照片偏色。比如，室内照偏色的主要原因是室内灯光过亮、过暗或使用了彩光灯；在室外拍摄照片时，如在海滨、高原地区等，由于紫外线过强，拍摄出的照片会偏蓝；在日出、日落时，由于色温偏低，辐射线成为主要光线，照片就会偏红。接下来讲解修复照片偏色，使照片恢复本来色彩的方法。

2.3.1　使用"色彩平衡"命令校正偏色

"色彩平衡"命令用于调整数码照片整体的色调。该命令可通过更改数码照片整体的颜色混合效果对普通的偏色照片进行调整，快速纠正照片中的偏色。使用该命令前，必须确定已经选择了当前"通道"面板中的复合通道，因为只有在复合通道中该命令才可用。

执行"图像→调整→色彩平衡"命令，弹出"色彩平衡"对话框，如图 2-50 所示。单击"图层"面板下方的"创建新的填充或调整图层"按钮，在打开的下拉列表框中选择"色彩平衡"选项，可打开"属性"面板，如图 2-51 所示。

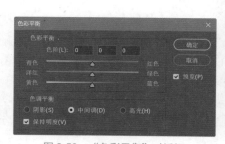

图 2-50　"色彩平衡"对话框　　　　图 2-51　"属性"面板

- 色阶：在色阶右侧的 3 个文本框中分别可以输入 -100 ～ 100 的整数，用于调整图像的色彩，此处的 3 个文本框分别对应下方的 3 个颜色滑块参数。
- 色调平衡：用于设置应用色彩平衡的色调区域，包括"阴影""中间调""高光"3 个选项，分别对应图像中的阴影、中间调及高光。选择好色调后，可以通过设置不同的参数对所选色调进行调整。
- 保持明度：可以将照片颜色效果保持在一个范围内，避免由于对照片进行颜色调整而导致明暗度失调。图 2-52 所示分别为原始照片、选择"保持明度"复选框与未选择"保持明度"复选框的效果。

原始照片　　　　　　　保持明度　　　　　　　未保持明度

图 2-52　"色彩平衡"调整图像效果对比

2.3.2　应用案例——使用"色彩平衡"命令修复照片白平衡错误

源文件：源文件\第 2 章\使用"色彩平衡"命令修复照片白平衡错误
视频：视频\第 2 章\使用"色彩平衡"命令修复照片白平衡错误

Step 01 打开素材图像"源文件\第 2 章\素材\05.jpg"，如图 2-53 所示。

Step 02 新建"色彩平衡"调整图层，分别选择"高光"和"中间调"选项，调整参数值，如图 2-54 所示。

图 2-53　打开素材图像　　　　　　　图 2-54　设置"高光"和"中间调"参数

Step 03 继续在"属性"面板中选择"阴影"选项并设置参数值，如图 2-55 所示。

Step 04 设置完成后得到照片的最终效果，如图 2-56 所示。

图 2-55　设置"阴影"参数　　　　　　图 2-56　最终照片效果

2.3.3　使用"可选颜色"命令校正偏色

通过"可选颜色"命令可以有选择性地修改照片中主要颜色的印刷色数量（即青色、洋红、黄色、黑色 4 种颜色），而不会对其他颜色产生影响。

执行"图像→调整→可选颜色"命令，弹出"可选颜色"对话框，如图 2-57 所示。单击"图层"面板下方的"创建新的填充或调整图层"按钮，在打开的下拉列表框中选择"可选颜色"选项，可打开"属性"面板，如图 2-58 所示。

- 预设：可以将当前"可选颜色"的调整数值保存为 *.asv 文件，也可以将保存的可选颜色文件载入，并在下拉列表框中选择载入的预设，为当前调整照片应用该预设。

图 2-57　"可选颜色"对话框　　　图 2-58　"属性"面板

- 颜色：该选项用于选择照片中需要进行调整的颜色，共有 9 种颜色可供调整。选择不同的颜色后，可以对照片中相对应的颜色进行调整。
- 颜色调整：对所选颜色的青色、洋红、黄色、黑色 4 种印刷色数量进行调整，调整范围为 –100 ～ 100 的整数。调整数值越小，颜色越淡；反之，颜色越浓。图 2-59 所示分别为原始照片、可选颜色数值与调整照片后的效果。

原始照片　　　　　　　　调整照片

图 2-59　照片颜色调整前后的效果对比

- 方法：可以选择相对、绝对两个调整方法。"相对"是按照现有颜色的百分比更改照片的印刷色数量（为 50% 洋红像素增加 10%，这 10% 是以 50% 像素为基础，总量为 55%）；"绝对"则是采用绝对数值调整颜色（同样为 50% 洋红像素增加 10%，总量为 60%）。图 2-60 所示分别为原始照片、设置相对与绝对两种调整方式后的效果。

原始照片　　　　　相对调正方法　　　　绝对调正方法

图 2-60　原始照片与两种调整方式效果对比

2.4　修复照片中的其他颜色问题

前面讲到的修复照片中的颜色与曝光度都
是一些比较常见问题，除了这些问题，照片中
还有色温不正常、全局偏色等问题，本节将为
读者讲解这些问题的解决方法及将照片处理成
特殊色调的方法。

2.4.1　使用"匹配颜色"命令校正照片的色温

"匹配颜色"命令可匹配多个图像、多个图
层或多个选区之间的颜色，从而对照片的色温
进行针对性的调整。通过对亮度、色彩范围及
中和色痕的调整来校正照片的色温，该命令只
适用于 RGB 模式的照片。

执行"图像→调整→匹配颜色"命令，弹
出"匹配颜色"对话框，如图 2-61 所示。

图 2-61　"匹配颜色"对话框

2.4.2　使用"色相/饱和度"命令快速修改全局颜色

执行"色相/饱和度"命令既可以对照片中的特定颜色（红色、黄色、绿色、青色、蓝
色、洋红）的色相、饱和度和明度进行调整，也可以对照片的整体颜色进行调整。

执行"图像→调整→色相/饱和度"命令，弹出"色相/饱和度"对话框，如图 2-62
所示。单击"图层"面板下方的"创建新的填充或调整图层"按钮，在打开的下拉列表
框中选择"色相/饱和度"选项，打开"属性"面板，如图 2-63 所示。

图 2-62　"色相/饱和度"对话框

图 2-63　"属性"面板

在"预设"下拉列表框中提供了几种设置照片色相/饱和度的方法，如图 2-64 所示，选择不同的预设，该对话框下方的文本框中会显示相应的数值。在调整颜色时，可以对整张照片进行调整，也可以对照片中特定的颜色进行调整，如图 2-65 所示。

选择"着色"复选框，将会为图像涂上指定的颜色。选择该复选框后，可以拖动"色相""饱和度""明度"滑块来精确调整着色。图 2-66 所示为原始照片与为图像涂上青色后的着色效果。

 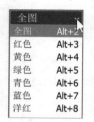  

图 2-64   "预设"下拉列表框　　图 2-65　颜色选择　　图 2-66　原始照片与青色着色效果

2.4.3　应用案例——使用"色相/饱和度"命令修改照片的全局色

源文件：源文件 \ 第 2 章 \ 使用"色相 / 饱和度"命令修改照片的全局色
视频：视频 \ 第 2 章 \ 使用"色相 / 饱和度"命令修改照片的全局色

Step01 执行"文件→打开"命令，打开素材图像"源文件 \ 第 2 章 \ 素材 \06.jpg"，如图 2-67 所示。按 Ctrl+J 组合键复制"背景"图层，得到"图层 1"图层，"图层"面板如图 2-68 所示。

Step02 执行"图像→自动对比度"命令，图像效果如图 2-69 所示。新建"色相/饱和度"调整图层，在打开的"属性"面板中设置参数，如图 2-70 所示。

图 2-67　打开素材图像　　图 2-68　"图层"面板　　图 2-69　图像效果

Step03 设置完成后得到最终的照片效果，如图 2-71 所示。

图 2-70　设置"色相/饱和度"参数

图 2-71　最终照片效果

2.4.4　使用"反向"命令制作特殊色调

使用"反向"命令可以快速翻转照片的颜色，如黑变白、绿变紫，通过颜色的对比翻转实现一些特殊的照片效果。

图 2-72 所示为原始照片与执行"图像→调整→反相"命令后的照片效果。

2.4.5　色调分离

"色调分离"命令调整的是每一个通道中可显示的颜色数，该命令可使图像颜色更加简单化。执行"图像→调整→色调分离"命令，弹出"色调分离"对话框，如图 2-73 所示。

原始照片　　　　　　反向效果

图 2-72　效果对比

提示

色阶的取值范围为 2 ～ 255 的整数，表示每一个通道中可显示的颜色数目，通过减少通道中可显示的颜色数达到减少整张照片颜色的目的。

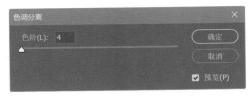

图 2-73　"色调分离"对话框

2.5　本章小结

本章主要讲解了一些常见的修复照片曝光的方法，并且学习了校正照片偏色的方法。此外，还对修复照片曝光和校正照片偏色工具的相关功能进行了详细说明，并通过一些具体案例对每种工具的使用方法和注意事项都做了详细的说明。通过本章的学习，读者可以熟练掌握几种调整图像的工具及命令，快速修复图像的曝光和颜色问题。

第3章
数码照片的调色方法

在实际拍摄过程中，由于受到气候、光线条件、相机设置不合理等各种因素的影响，拍出的照片难免会留下一些遗憾，如照片光源不足、照片曝光过度，或者偏色、色彩饱和度不够等情况。其实，只需通过 Photoshop CC 2023 的图像处理功能校正图像的偏色，并修复照片中的瑕疵，就可以使原来暗淡无光的照片立刻变得鲜活起来。

本章将对照片的色调、影调及各种调整方法进行系统讲解，通过学习，可以使读者掌握照片的各种调色方法。

本章知识点

（1）掌握自动调整照片颜色的方法。
（2）掌握数码照片色调和影调的调整方法。
（3）掌握数码照片调色的方法。
（4）掌握艺术化色调处理的方法。

3.1 自动调整照片的颜色

图像整体的明暗度会直接影响图像品质，当一幅图像的整体颜色过暗时，就会显得沉闷压抑；而一幅明暗适当的图像就会显得亮丽明艳。在 Photoshop CC 2023 中，用户可以通过"图像"菜单下的"自动色调""自动对比度"和"自动颜色"3 个自动调色命令，快速校准照片的色调、对比度和颜色。

3.1.1 自动调整照片颜色的方法

直方图是正确判断数码照片影调是否正常的重要工具之一，在 Photoshop CC 2023 中，直方图用图形表示图像的每个亮度级别的像素数量，显示了像素在图像中的分布情况。通过查看直方图，可以判断出图像的阴影、中间调和高光中包含的细节是否充足，以便对其进行适当的调整。

1. 认识"直方图"面板

执行"窗口→直方图"命令，即可打开"直方图"面板，如图 3-1 所示。单击面板右上角的按钮▤，可以打开面板菜单，使用这些命令可以设置直方图的视图方式，如图 3-2 所示。

使用"直方图"面板时，Photoshop 会在内存中高速缓存直方图，也就是说，最新的直方图是被 Photoshop 存储在内存中的，而并非实时显示在"直方图"面板中。如果直方图的显示速度过快，并不能及时显示统计结果，面板中就会出现"高速缓存数据警告"标识▲，单击该标志，可刷新直方图，如图 3-3 所示。

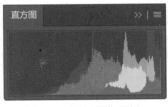

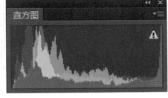

图 3-1　"直方图"面板　　　图 3-2　面板菜单　图 3-3　高速缓存时的"直方图"面板

"紧凑视图"选项为默认选项，以紧凑的视图的方式显示"直方图"面板，没有其他选项及统计数据。

"扩展视图"显示带有统计数据和控件的直方图，以便用户单独查看直方图表示的各个通道和显示为高速缓存的各项数据，如图 3-4 所示。

在"通道"下拉列表框中选择一个通道（包括颜色通道、明度通道和专色通道），面板中就可以单独显示该通道的直方图，如图 3-5 所示。

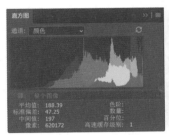
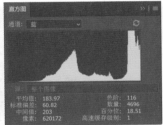
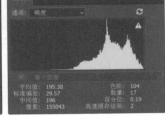

图 3-4　"扩展视图"的"直方图"　　图 3-5　不同模式的"直方图"面板
面板

提示

若图像处于 RGB 或 CMYK 模式，选择"颜色"选项，则可显示红、绿、蓝 3 个颜色通道和 RGB 复合通道的直方图，一般情况下通常选择该选项。选择"明度"选项，则只会显示该图像的明度直方图。

在"直方图"面板底部显示了直方图中的统计数据，将鼠标指针放置在直方图的图表上时，"色阶""数量"和"百分比"数据会发生变化，显示鼠标指针所指位置的数值。

2. 认识"直方图"面板中的信息

在"直方图"面板中，直方图的左侧代表了图像的阴影区域，中间代表了中间调，右侧代表了高光区域。直方图中的山脉代表了图像的数据，山峰则代表了数据的分布方式。较高的峰值表示该色调区域包含的像素较多，较低的峰值则表示该色调区域包含的像素较少。若该直方图的左侧出现空白区域，则表示该图像没有全黑的像素；若该直方图右侧出现空白区域，则表示该图像没有全白的像素。

打开一张曝光过度的数码照片，则在"直方图"面板中可以看到面板左侧像素非常少，而右侧溢出，说明照片缺少黑色像素，该照片亮部细节损失较大，如图 3-6 所示。

打开一张曝光正常的照片，可以在面板中看到左侧和右侧都没有溢出，说明照片的暗部与亮部都没有损失细节层次，如图 3-7 所示。

图 3-6　曝光过度

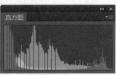

图 3-7　曝光正常

打开曝光不足的照片，可在"直方图"面板中看到左侧明显溢出，说明图像暗部细节损失较大，所有像素都集中在左侧，所以该数码照片的亮度不足，如图 3-8 所示。

图 3-8　曝光不足

3.1.2　使用"自动色调"命令调整照片亮度

"自动色调"命令可以自动调整图像的黑场和白场，将每个颜色通道中最亮和最暗的像素映射到纯白和纯黑部分，中间像素值按比例重新分布。该命令可以增强图像的对比度。在像素值平均分布并且需要以简单的方式增加对比度的特定图像中，使用该命令可以产生较好的结果。

打开一张照片，如图 3-9 所示，执行"图像→自动色调"命令或按 Ctrl+Shift+L 组合键，即可应用"自动色调"命令，如图 3-10 所示。

图 3-9　打开照片　　　　图 3-10　自动色调效果

3.1.3　使用"自动对比度"命令调整照片色调

"自动对比度"命令可以自动调整图像亮部和暗部的对比度。该命令可将照片中最暗的像素变成黑色，最亮的像素变成白色，使较暗的部分看上去更暗，较亮部分更亮。

打开一张照片，如图 3-11 所示，执行"图像→自动对比度"命令或按 Alt+Ctrl+Shift+L 组合键，即可自动调节图像的对比度，如图 3-12 所示。

图 3-11　打开照片　　　　图 3-12　自动对比度效果

3.1.4　使用"自动颜色"命令调整照片色彩

　　"自动颜色"命令可以让系统自动对图像进行颜色校正。如果图像有色偏或者饱和度过高等情况，均可以使用该命令进行调整。

　　打开一张照片，如图 3-13 所示，执行"图像→自动颜色"命令或按 Ctrl+Shift+B 组合键，即可自动调节图像的颜色，如图 3-14 所示。

　　　　图 3-13　打开照片　　　　　　图 3-14　自动颜色效果

3.2　调整数码照片色调和影调

　　最初拍摄出来的原始照片通常都存在一定的问题，如欠曝、过曝或对比度不够等，使照片看起来不够鲜艳生动。接下来讲解如何使用 Photoshop CC 2023 中的"调整"菜单下的各种命令，调整照片的色调和影调。

3.2.1　使用"匹配颜色"命令改变照片色调

　　在拍摄照片时，由于光源及拍摄角度的原因，即使在同一地点拍照，相邻时间拍摄的照片在颜色和影调上也会有很大的不同。应用"匹配颜色"命令可以快速协调这些颜色和色调有所差异的照片。该命令可以匹配不同图像之间、多个图层之间或多个颜色选区之间的颜色和影调。

　　打开一张照片，如图 3-15 所示，执行"图像→调整→匹配颜色"命令，弹出"匹配颜色"对话框，如图 3-16 所示，在该对话框中可以设置匹配颜色的各项参数。

　　　　图 3-15　打开照片　　　　　　图 3-16　"匹配颜色"对话框

3.2.2　应用案例——使用"匹配颜色"命令快速统一图像色调

　　源文件：源文件\第 3 章\使用"匹配颜色"命令快速统一图像色调
　　视频：视频\第 3 章\使用"匹配颜色"命令快速统一图像色调

Step01 分别打开素材图像"源文件 \ 第 3 章 \ 素材 \01.jpg 和 02.jpg"文件，如图 3-17 所示。

图 3-17　打开素材图像

Step02 选择"01.jpg"文件，按 Ctrl+J 组合键复制"背景"图层，得到"图层 1"图层，"图层"面板如图 3-18 所示。

Step03 选择"图层 1"图层，执行"图像→调整→匹配颜色"命令，弹出"匹配颜色"对话框。在对话框的"源"下拉列表框中选择"02.jpg"选项，并对各项参数进行相应设置，如图 3-19 所示。

图 3-18　"图层"面板　　　　　图 3-19　设置"匹配颜色"对话框

Step04 设置完成后单击"确定"按钮，图像效果如图 3-20 所示。"图层"面板如图 3-21 所示。

图 3-20　图像效果　　　　　　图 3-21　"图层"面板

3.2.3　使用"自然饱和度"命令

"自然饱和度"命令可以快速有效地调整数码照片的饱和度。打开一张照片，如图 3-22 所示，执行"图像→调整→自然饱和度"命令，弹出"自然饱和度"对话框，如图 3-23 所示。该对话框中有两个滑块，向左移动滑块时，可以减少饱和度；向右移动时，可以增加饱和度。

图 3-22　打开照片　　　　　　　图 3-23　"自然饱和度"对话框

在"自然饱和度"对话框中进行相应的设置，如图 3-24 所示。设置完成后单击"确定"按钮，可以看到使用"自然饱和度"命令调整图像色调和影调后，图像颜色变得更加自然艳丽，如图 3-25 所示。

图 3-24　设置"自然饱和度"对话框　　　　　图 3-25　照片效果

3.2.4　使用"亮度/对比度"命令

"亮度/对比度"命令主要用来调节图像的亮度和对比度。虽然使用"色阶"和"曲线"命令都可以校正图像的亮度和对比度，但是"亮度/对比度"命令的参数设置更直观，所以使用起来也更简单。

打开一张照片，如图 3-26 所示。执行"图像→调整→亮度/对比度"命令，弹出"亮度/对比度"对话框，如图 3-27 所示。

提示

　　如果亮度和对比度的值为负值，图像亮度和对比度下降；如果为正值，则图像亮度和对比度增加；当值为 0 时，图像不发生任何变化。单击"自动"按钮，可以以固定的数值自动为图像调整亮度和对比度。

图 3-26 打开照片

图 3-27 "亮度/对比度"对话框

在"亮度/对比度"对话框中进行相应的设置，如图 3-28 所示，单击"确定"按钮，照片效果如图 3-29 所示。

图 3-28 设置"亮度/对比度"对话框

图 3-29 照片效果

3.2.5 应用案例——调整图像的亮度/对比度

源文件：源文件 \ 第 3 章 \ 调整图像的亮度/对比度
视频：视频 \ 第 3 章 \ 调整图像的亮度/对比度

Step 01 打开素材图像"源文件 \ 第 3 章 \ 素材 \03.jpg"，如图 3-30 所示。单击"图层"面板下方的"创建新的填充或调整图层"按钮 🔳，在打开的下拉列表框中选择"亮度/对比度"选项并创建图层，"图层"面板如图 3-31 所示。

图 3-30 打开素材图像

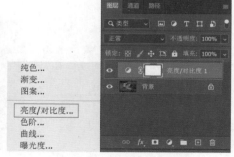

图 3-31 "图层"面板

Step 02 在打开的"属性"面板中设置参数，如图 3-32 所示。关闭"属性"面板，得到的图像效果如图 3-33 所示。

图 3-32　设置参数　　　　　　　　图 3-33　调整图像效果

3.2.6　使用"替换颜色"命令替换照片中的特定颜色

"替换颜色"命令可以选择图像中的特定颜色,然后将其替换。该命令的对话框中包含了颜色选择选项和颜色调整选项。其中,颜色的选择方式与"色彩范围"命令基本相同,而颜色的调整方式又与"色相/饱和度"命令十分相似。

打开一张图像,如图 3-34 所示,执行"图像→调整→替换颜色"命令,弹出"替换颜色"对话框,如图 3-35 所示。

图 3-34　打开图像　　　　　　　图 3-35　"替换颜色"对话框

在"替换颜色"对话框中进行相应的设置,如图 3-36 所示,单击"确定"按钮,图像效果如图 3-37 所示。

图 3-36　设置参数　　　　　　　图 3-37　图像效果

3.2.7 应用案例——替换衣服的颜色

源文件：源文件 \ 第 3 章 \ 替换衣服的颜色
视频：视频 \ 第 3 章 \ 替换衣服的颜色

Step01 打开素材图像"源文件 \ 第 3 章 \ 素材 \04.jpg"，如图 3-38 所示。按 Ctrl+J 组合键复制"背景"图层，得到"图层 1"图层，"图层"面板如图 3-39 所示。

图 3-38　打开素材图像　　　　　　　　图 3-39　"图层"面板

Step02 执行"图像→调整→替换颜色"命令，在弹出的"替换颜色"对话框中设置各项参数，如图 3-40 所示。单击"确定"按钮可以看到图像效果，如图 3-41 所示。

图 3-40　设置各项参数　　　　　　　　图 3-41　图像效果

Step03 执行"窗口→历史记录"命令，单击"设置历史记录画笔的源"按钮，如图 3-42 所示。

Step04 在工具栏中单击"历史记录画笔工具"，涂抹人物肤色部分，如图 3-43 所示。

图 3-42　"历史记录"面板　　　图 3-43　使用"历史记录画笔工具"涂抹人物肤色部分

Step 05 再次复制图层，执行"图像→自动颜色"命令，得到的最终图像效果如图
3-44 所示。

3.2.8　使用"颜色查找"命令实现真实光照效果

使用该命令可以通过选择 3DLUT 文件、摘要配置文件和设备链接配置文件实现对图
像的快速调整。执行"图像→调整→颜色查找"命令，弹出"颜色查找"对话框，如图
3-45 所示。

图 3-44　最终图像效果　　　　　　　　　　　图 3-45　"颜色查找"对话框

3.2.9　应用案例——使用"颜色查找"命令制作电影质感照片

源文件：源文件 \ 第 3 章 \ 使用"颜色查找"命令制作电影质感照片
视频：视频 \ 第 3 章 \ 使用"颜色查找"命令制作电影质感照片

Step 01 打开素材图像"源文件 \ 第 3 章 \ 素材 \05.jpg"，如图 3-46 所示。

Step 02 按 Ctrl+J 组合键复制"背景"图层，执行"图像→调整→颜色查找"命令，
如图 3-47 所示。

图 3-46　打开素材图像　　　　　　　　　　图 3-47　执行"颜色查找"命令

Step 03 弹出"颜色查找"对话框，在"3DLUT 文件"下拉列表框中选择相应的选
项，如图 3-48 所示。单击"确定"按钮，图像效果如图 3-49 所示。

图 3-48　"颜色查找"对话框　　　　　　图 3-49　图像效果

3.3　数码照片的调色方法

　　本节将介绍数码照片调色的方法，如使用"色阶"命令控制照片影调、使用"曲线"命令调整色调和对比度，以及通过"混合模式"调整图像影调等方法，使用这些命令可以更精确地调整图像颜色。

3.3.1　使用"色阶"命令调整照片影调

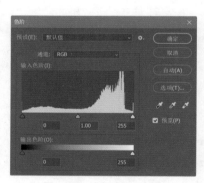

图 3-50　"色阶"对话框

　　"色阶"命令是 Photoshop 中处理照片时最常用的命令之一，使用该命令通过调整图像的暗调、中间调或高光等强度级别，可以校正图像的明暗度和色彩平衡。执行"图像→调整→色阶"命令，弹出"色阶"对话框，如图 3-50 所示，在该对话框中可通过设置各个选项参数控制照片的影调。

　　最初使用"色阶"命令调整图像时，很多人都喜欢大幅度调整高光和阴影。这样调出的图像虽然对比度强烈，颜色艳丽，实际上图像中的像素已经被严重破坏了，只是肉眼无法分辨而已。比较准确的方法应该是将滑块拖曳到稍过有信息的部位即可，如图 3-51 所示。

原图　　　　　　　　　　错误　　　　　　　　　　正确

图 3-51　色阶调整效果

3.3.2　应用案例——使用"色阶"命令恢复照片影调

源文件：源文件 \ 第 3 章 \ 使用"色阶"命令恢复照片影调
视频：视频 \ 第 3 章 \ 使用"色阶"命令恢复照片影调

Step01 打开素材图像"源文件 \ 第 3 章 \ 素材 \06.jpg"，如图 3-52 所示。按 Ctrl+J 组合键复制"背景"图层，得到"图层 1"图层，"图层"面板如图 3-53 所示。

图 3-52　打开素材图像

图 3-53　"图层"面板

Step02 单击"图层"面板下方的"创建新的填充或调整图层"按钮 ，在打开的下拉列表框中选择"色阶"选项，如图 3-54 所示，打开"属性"面板，设置相应参数，如图 3-55 所示。

图 3-54　添加"色阶"调整图层

图 3-55　设置参数

Step03 设置完成后可以看到图像效果，如图 3-56 所示。使用相同的方法新建"亮度/对比度"调整图层，并在打开的"属性"面板中设置相应参数，如图 3-57 所示。图像效果如图 3-58 所示。

Step04 新建"自然饱和度"调整图层，在弹出的"属性"面板中设置相应参数，如图 3-59 所示。设置完成后得到最终的照片效果，如图 3-60 所示。

图 3-56 图像效果 1

图 3-57 设置参数

图 3-58 图像效果 2

图 3-59 设置参数

图 3-60 最终照片效果

3.3.3 使用"曲线"命令调整照片色调和对比度

"曲线"命令是图像处理中使用最为频繁的命令之一,它不仅可以调整图像的整体亮度值分布情况,而且可以针对单独的颜色通道进行调整。

打开一张图像,如图 3-61 所示,执行"图像→调整→曲线"命令,弹出"曲线"对话框,如图 3-62 所示。

图 3-61 打开图像

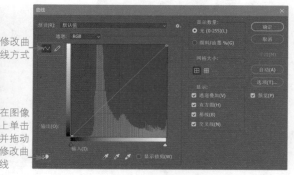

图 3-62 "曲线"对话框

单击"编辑点以修改曲线"按钮 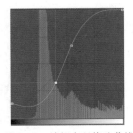 ，可以通过在曲线上单击以添加点来调整曲线，如图 3-63 所示；单击"通过绘制来修改曲线"按钮 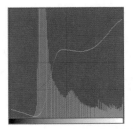 ，可以使用铅笔绘制曲线以调整图像整体色调，曲线绘制完成后，可以单击对话框右侧的"平滑"按钮对曲线进行平滑，如图 3-64 所示。

图 3-63 编辑点以修改曲线

图 3-64 通过绘制来修改曲线

单击"在图像上单击并拖动修改曲线"按钮 ，在图像中单击需要调整的区域并拖动鼠标，图像中与单击点亮度值一致的像素就会着重得到调整，如图 3-65 所示，在"曲线"面板中也会自动根据操作生成新的调整曲线。也可以单击"自动"按钮，系统将自动调整图像的亮度与对比度，如图 3-66 所示。

图 3-65 在图像上单击并拖动修改曲线

图 3-66 "自动"调整效果

3.3.4 应用案例——使用"曲线"命令校正照片

源文件：源文件\第 3 章\使用"曲线"命令校正照片
视频：视频\第 3 章\使用"曲线"命令校正照片

Step01 打开素材图像"源文件\第 3 章\素材\07.jpg"，如图 3-67 所示。单击"图层"面板下方的"创建新的填充或调整图层"按钮 ，在打开的下拉列表框中选择"曲线"选项，如图 3-68 所示。

图 3-67 打开素材图像

图 3-68 添加"曲线"调整图层

Step02 在打开的"属性"面板中选择"红"通道并设置参数，如图 3-69 所示。选择"绿"通道并设置参数，如图 3-70 所示。

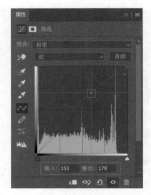

图 3-69　选择"红"通道并设置参数　　　图 3-70　选择"绿"通道并设置参数

Step03 继续选择"蓝"通道并设置参数，如图 3-71 所示。选择 RGB 复合通道并设置参数值，如图 3-72 所示。

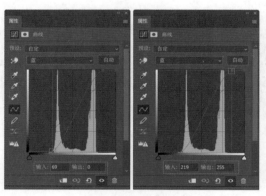
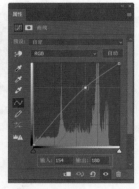

图 3-71　选择"蓝"通道并设置参数　　　图 3-72　选择 RGB 复合通道并设置参数

Step04 设置完成后得到最终的照片效果，如图 3-73 所示。

图 3-73　最终照片效果

3.3.5　使用"混合模式"调整照片影调

图层"混合模式"可以以不同的计算方式将两个或多个图层的像素混合，以快速创建出不同的图像效果。

在调整图像明暗度的应用中，最为常用的混合模式是"滤色"和"正片叠底"，这是两种算法相对的图层混合模式。"滤色"可以大幅屏蔽图像中的黑色像素，从而达到提亮图像的目的；"正片叠底"则可以减少图像中的白色像素，使图像大幅度变暗。

3.4　色调处理的艺术化

之前已经简单介绍了如何利用 Photoshop CC 2023 中的"自动调色"命令调整图像色调，以及使用一些常用的调色命令对图像进行调整的方法。接下来将介绍一些艺术化的调色命令，如"色相/饱和度"命令、"色调均化"命令等。

3.4.1　使用"色相/饱和度"命令

"色相/饱和度"命令可以调整图像中特定颜色范围的色相、饱和度和亮度，或者同时调整图像中的所有颜色。执行"图像→调整→色相/饱和度"命令，弹出"色相/饱和度"对话框，如图 3-74 所示。

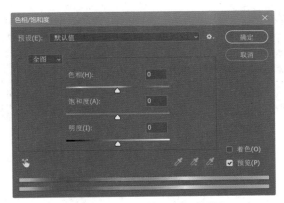

图 3-74　"色相/饱和度"对话框

3.4.2　应用案例——使用"色相/饱和度"命令打造红裙

源文件：源文件 \ 第 3 章 \ 使用"色相 / 饱和度"命令打造红裙
视频：视频 \ 第 3 章 \ 使用"色相 / 饱和度"命令打造红裙

Step01 打开素材图像"源文件 \ 第 3 章 \ 素材 \08.jpg"，如图 3-75 所示。新建"色相 /饱和度"调整图层，在打开的"属性"面板中设置相应参数，如图 3-76 所示。

图 3-75　打开素材图像　　　　　图 3-76　设置"色相/饱和度"调整图层的各项参数

Step02 设置完成后的照片效果如图 3-77 所示。新建"色彩平衡"调整图层，在打开的"属性"面板中设置各项参数，如图 3-78 所示。

图 3-77　照片效果 1　　　　　　图 3-78　设置"色彩平衡"调整图层的各项参数

Step03 设置完成后的照片效果如图 3-79 所示。按 Ctrl+Shift+Alt+E 组合键盖印图层，得到"图层 1"图层，"图层"面板如图 3-80 所示。

图 3-79　照片效果 2　　　　　　图 3-80　"图层"面板

Step04 执行"滤镜→锐化→ USM 锐化"命令，在弹出的"USM 锐化"对话框中设置各项参数，如图 3-81 所示。设置完成后单击"确定"按钮，得到最终的照片效果，如图 3-82 所示。

图 3-81　设置"USM 锐化"对话框中的各项参数　　　　图 3-82　最终照片效果

3.4.3　色调均化效果

"色调均化"命令可以重新分配图像像素的亮度值，以便更平均地分布整个图像的亮度色调。在使用此命令时，Photoshop 会先查找图像中的最亮值和最暗值，将最亮的像素变成白色，最暗的像素变为黑色，其余的像素映射到相应的灰度值上，然后重新生成图像。这样做的目的是让色彩分布更平均，从而提高图像的对比度和亮度。

打开一张照片，如图 3-83 所示。执行"图像→调整→色调均化"命令，调整后的照片暗色更加饱和且具有较高的对比度，如图 3-84 所示。

图 3-83　打开照片　　　　　　　图 3-84　"色调均化"效果

如果执行"色调均化"命令之前先创建选区范围，则 Photoshop CC 2023 会弹出"色调均化"对话框，如图 3-85 所示。

图 3-85　"色调均化"对话框

选中"仅色调均化所选区域"单选按钮时，色调均化仅对选区范围内的图像起作用。选中"基于所选区域色调均化整个图像"单选按钮时，色调均化将会以选区范围内的图像最亮和最暗的像素为基准，使整幅图像的色调平均化。

3.5 本章小结

本章主要讲解了如何调整照片的色调和影调的方法，在操作过程中要注意照片中主体效果、局部突出等问题。通过对本章的学习，读者可以了解并掌握调节照片色调、影调的基本方法，以及 Photoshop CC 2023 中的一些工具和"调整"命令的使用方法。

第 4 章
运用图层、蒙版和通道处理照片

图层、蒙版和通道的应用是 Photoshop 的核心功能。图层几乎承载了所有的编辑操作，用户可以通过不同的图层叠放顺序来编辑图像；蒙版可隔离并保护特定区域的图像；通道是编辑、处理数码照片时非常高效的平台，用户可以利用通道快速创建选区，以及调整照片的色调和影调。本章将通过不同的视角来讲解照片处理过程中的图层、蒙版和通道的应用。

本章知识点

（1）掌握 Photoshop CC 2023 中图层的应用方法。
（2）掌握 Photoshop CC 2023 中图层蒙版和矢量蒙版的应用方法。
（3）掌握 Photoshop CC 2023 剪贴蒙版和快速蒙版的应用方法。
（4）掌握 Photoshop CC 2023 中通道的应用方法。

4.1 Photoshop CC 2023 中的图层

图层可以理解为用于 Photoshop 操作的一张张透明胶卷，可以在一个文件中修复、编辑、合成、合并、分离多张图像。一幅图像是由多个不同类型的图层通过一定的组合方式自下而上叠放在一起组成的，它们的叠放顺序及混合方式直接影响着图像的显示效果。

用户还可以应用图层样式来为图像添加特殊效果，如投影、发光等。本节将针对图层的基本使用和高级操作进行讲解，包括"图层"面板简介、图层的基本操作、图层的混合模式和图层样式等。

4.1.1 "图层"面板简介

"图层"面板是 Photoshop 组织图层的重要平台，在"图层"面板中存放着当前编辑文档中的所有图层、图层组和添加的图层效果等元素，用户可以十分直观地对各种图层元素进行管理和操作。执行"窗口→图层"命令，即可打开"图层"面板，如图 4-1 所示。

提示

在"图层"面板中，图层名称的左侧是该图层的缩览图，它显示了图层中包含的图像内容，缩览图中的棋盘格式代表了图像的透明区域。如果隐藏了所有图层，则整个文档窗口都会变为棋盘格。

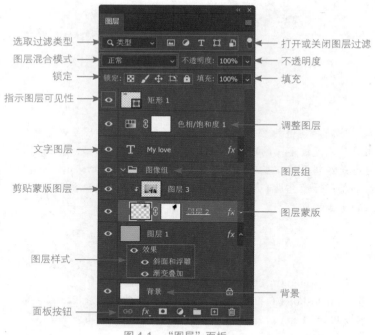

图 4-1 "图层"面板

4.1.2 图层的基本操作

图层的基本操作包括新建、复制、删除、合并、锁定图层，以及调整图层顺序等。
单击"图层"面板右上角的"■"按钮，在打开的菜单中可选择需要的命令，如图 4-2
所示。还可以直接在菜单栏中单击"图层"按钮，在打开的菜单中选择需要的命令，如
图 4-3 所示。

图 4-2 "图层"面板菜单　　　　　　　图 4-3 "图层"菜单

1. 新建图层、背景图层和图层组

打开"图层"面板，单击"图层"面板底部的"创建新图层"按钮▣，即可在当前图层上面新建一个图层，新建的图层会自动成为当前图层，如图 4-4 所示。

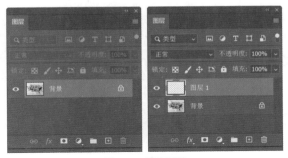

图 4-4　新建图层

提示

如果要在当前图层的下面新建图层，可以按住 Ctrl 键并单击"创建新图层"按钮▣，需要注意的是，"背景"图层下面不能创建图层。

如果要在创建图层的同时设置图层的属性，如图层名称、颜色和混合模式，可执行"图层→新建→图层"命令，弹出"新建图层"对话框，在其中可以对新创建的图层进行设置，如图 4-5 所示。单击"确定"按钮，"图层"面板如图 4-6 所示。

图 4-5　"新建图层"对话框　　　　　图 4-6　"图层"面板

提示

在"颜色"下拉列表框中选择一种颜色，可以用来标记图层。用颜色标记图层在 Photoshop 中被称为"颜色编码"。为某些图层或图层组设置一个可以区别于其他图层或图层组的颜色，可以有效地区分不同用途的图层。

创建一个选区，如图 4-7 所示，执行"图层→新建→通过拷贝的图层"命令，可以将选区内的图像复制到一个新的图层中，原图层内容保持不变，如图 4-8 所示。如果没有创建选区，则执行该命令后可以快速复制当前图层，如图 4-9 所示。

在图像中创建选区，执行"图层→新建→通过剪切的图层"命令，将选区内的图像剪切到一个新的图层中，如图 4-10 所示。

图 4-7　创建选区　　　图 4-8　复制选区　　　图 4-9　复制图层　　　图 4-10　剪切选区

　　执行"文件→新建"命令，弹出"新建文档"对话框，在该对话框中可以选择除"透明"以外的 4 种方式作为背景内容，如图 4-11 所示。

　　如果删除了"背景"图层或者文档中没有"背景"图层，用户可以选择一个图层，执行"图层→新建→背景图层"命令，将所选的图层创建为"背景"图层，如图 4-12 所示。

 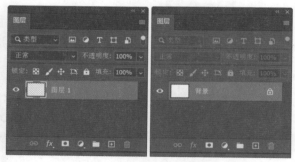

图 4-11　"新建文档"对话框　　　　　　图 4-12　新建"背景"图层

　　如果使用"透明"作为背景内容，则新创建的文档没有"背景"图层，只包含一个"图层 1"图层。将此图层创建为"背景"图层后，Photoshop 会自动为"背景"图层填充"背景色"。

　　当用户编辑一个复杂图像时，图像中将会包含大量图层。这时，可以使用图层组来组织和管理图层，使"图层"面板中的图层结构更加清晰，也便于查找需要的图层。

　　单击"图层"面板中的"创建新组"按钮■，可以在当前图层上方创建图层组，如图 4-13 所示；执行"图层→新建→组"命令，弹出"新建组"对话框，在该对话框中输入图层组名称及其他选项，单击"确定"按钮，即可创建图层组，如图 4-14 所示。

　　按住 Alt 键的同时在"图层"面板中单击"创建新组"按钮，可以打开"新建组"对话框。

　　如果要将多个图层创建在一个图层组内，可以选择这些图层，执行"图层→图层编组"命令，即可将这些选中的图层创建在一个图层组内，如图 4-15 所示。

图 4-13　创建图层组

图 4-14　新建图层组

图 4-15　图层编组

提示

执行"图层→新建→从图层建立组"命令，弹出"从图层新建组"对话框，设置图层组的名称、颜色和模式等属性，可以将所选图层创建在设置了特定属性的图层组内。

如果要移动图层到指定的图层组中，只需拖曳该图层到图层组的名称上或图层组内任何一个位置即可。将图层组中的图层拖出组外，即可将其从图层组中移出。

若要取消图层编组，先选择该图层组，执行"图层→取消图层编组"命令，或按Shift+Ctrl+G 组合键，即可取消图层组。

2. 移动、复制和删除图层

移动、复制和删除图层是用户在编辑图像时最常使用的图层操作，同时也是最基本的图层操作。

将要移动的图层选中，使用"移动工具"或按住 Ctrl 键拖曳鼠标，即可移动图像，移动内容为整个图像。想要移动图层中的部分区域，必须创建选区，再使用"移动工具"进行操作。

如果要在同一图像中复制图层，将需要复制的图层拖至"图层"面板底部的"创建新图层"按钮上即可，如图 4-16 所示。复制后的图层将出现在被复制的图层上方，如图4-17 所示。

选中图层，执行"图层→复制图层"命令或单击"图层"面板右上角的面板菜单按钮，在打开的下拉菜单中选择"复制图层"命令，弹出"复制图层"对话框，如图 4-18 所示，设置选项后，单击"确定"按钮，即可复制图层到指定的图像中。

图 4-16　拖曳图层　　　　图 4-17　"图层"面板　　　　图 4-18　"复制图层"对话框

删除不必要的图层可以减小图像文件所占用的内存空间大小。打开"图层"面板，选中要删除的图层，单击"图层"面板底部的"删除图层"按钮，弹出 Adobe Photoshop 提示框，如图 4-19 所示。

还可以执行"图层→删除→图层"命令，或从"图层"面板的面板菜单中选择"删除图层"命令，完成图层的删除操作。

在删除图层组时，用户可以根据需求，在 Adobe Photoshop 提示框中选择删除"组和内容"或"仅组"，如图 4-20 所示。

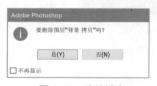 

图 4-19　确认消息　　　　　　　　图 4-20　删除组

3. 图层样式

执行该命令可以为图像添加各种样式效果，执行"图层→图层样式→混合选项"命令，弹出"图层样式"对话框，在该对话框中可以对不同的样式进行设置，在 4.1.7 小节中将详细介绍图层样式的应用方法，此处不再赘述。

4. 新建填充和调整图层

这两个命令都是用于创建基于指令的图层，它们在图像中充当改变其下方图层的色调和影调的作用。执行"图层→新建填充图层"命令，在打开的菜单中可以选择相应的命令，如图 4-21 所示。执行"图层→新建调整图层"命令，在打开的菜单中提供了 16 个命令，根据对照片的不同风格的调整，选择相应的命令，如图 4-22 所示。

5. 图层蒙版、矢量蒙版和剪贴蒙版

执行"图层→图层蒙版"子菜单中的命令，可以通过蒙版隐藏图层中图像的特定部分或保护特定区域以免被编辑，如图 4-23 所示；"矢量蒙版"是由一些工具创建的，可以使用图层中的内容来遮盖其上面的图层，如图 4-24 所示；"剪贴蒙版"用于将基底图层的内容在剪贴蒙版中剪切其上方的图层内容，如图 4-25 所示。

图 4-21　"新建填充图层"子菜单　　　　图 4-22　"新建调整图层"子菜单

图 4-23　创建图层蒙版　　　　图 4-24　创建矢量蒙版　　　　图 4-25　创建剪贴蒙版

4.1.3　应用案例——使用图层蒙版合成照片

源文件：源文件 \ 第 4 章 \ 使用图层蒙版合成照片
视频：视频 \ 第 4 章 \ 使用图层蒙版合成照片

Step01 打开素材图像"源文件 \ 第 4 章 \ 素材 \01.jpg"，如图 4-26 所示。再打开素材图像"源文件 \ 第 4 章 \ 素材 \02.jpg"，并将其拖入"01.jpg"文档中，如图 4-27 所示。

图 4-26　打开素材图像

图 4-27　拖入素材图像

Step02 打开素材图像"03.jpg"，将其拖曳至"图层 1"下方并移动到如图 4-28 所示的位置。单击"图层"面板底部的"添加图层蒙版"按钮，使用黑色画笔在图像中的适当位置涂抹，如图 4-29 所示。

图 4-28 拖入素材并移动到合适的位置   图 4-29 添加图层蒙版

Step03 复制"背景"图层，并将其拖移至最上方，"图层"面板如图 4-30 所示。单击"图层"面板底部的"添加图层蒙版"按钮，使用黑色画笔在图像中的适当位置涂抹，修改图层"不透明度"为 30%，效果如图 4-31 所示。

图 4-30 "图层"面板   图 4-31 图像效果

Step04 使用相同的方法复制图层，添加并涂抹图层蒙版，得到最终的图像效果，如图 4-32 所示。

图 4-32 最终图像效果

4.1.4 合并与链接图层

图层越多，占用的内存与暂存盘等系统资源就越大，这样会导致计算机的运行速度变慢。将相同属性的图层合并，可以减小文件的大小。一个图像若由多个图层组成，那么，在不合并图层的情况下要想整体调整图像，可以链接图层。

1. 合并图层

当需要合并两个或多个图层时，首先在"图层"面板中选中多个图层，然后执行"图层→合并图层"命令，或者单击"图层"面板右上角的面板菜单按钮，在打开的下拉菜单中选择"合并图层"命令，即可完成图层的合并，如图 4-33 所示。

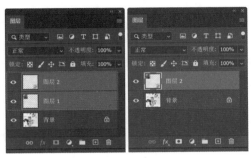

图 4-33 合并图层

将一个图层与它下面的图层合并时，可以选择该图层，然后执行"图层→向下合并"命令，合并后的图层以下方图层的名称命名，如图 4-34 所示。

将所有可见图层合并为一个图层时，可以执行"图层→合并可见图层"命令，合并后的图层以合并前选择的图层的名称命名，如图 4-35 所示。

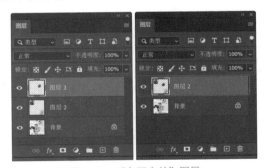

图 4-34 "向下合并"图层　　　　　　图 4-35 合并可见图层

2. 链接图层

通过执行该命令，可使多个图层进行同步的编辑操作。用户可以通过多种方式链接图层，例如，按住 Ctrl 键的同时选择需要链接的图层，单击"图层"面板下方的"链接图层"按钮 ∞，即可快速将图层链接，如图 4-36 所示。

用户也可以通过选中多个图层，右击，在弹出的快捷菜单中选择"链接图层"命令，如图 4-37 所示。或者还可以通过执行"图层→链接图层"命令，将选中的多个图层进行链接，如图 4-38 所示。

 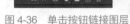 

图 4-36　单击按钮链接图层　　　图 4-37　通过快捷菜单链接图层　　　图 4-38　通过命令链接图层

4.1.5　图层的混合模式和不透明度

图层的混合模式是 Photoshop 中非常重要的功能，使用不同的混合模式，将会达到不同的图像混合效果。

除了混合图像这一基本功能，还可以使用混合模式减少图像的细节，提高或降低图像的对比度，或者制作出单色的图像效果等。

在"混合模式"下拉列表框中包括 6 种形式的混合模式，如图 4-39 所示。

图 4-39　混合模式菜单

打开一个素材文件，如图 4-40 所示。接下来通过该素材文件对图层的混合模式和不透明度的相关知识进行讲解。

图像素材　　　　　　　　背景素材　　　　　　　"图层"面板

图 4-40　打开素材文件

1. "组合型"混合模式

"组合型"混合模式组中包括"正常"和"溶解"两种混合模式。

"正常"混合模式是默认的图层样式，如图 4-41 所示。"溶解"混合模式可根据任何图像像素位置的不透明度绘制并编辑每个像素，使图像呈现溶解效果，在"不透明度"后的输入框中输入数值，可设置图像的不透明度，设置"不透明度"值为 80%，效果如图 4-42 所示。

图 4-41 "正常"效果　　　　　　　　　图 4-42 "溶解"效果

2. "加深型"混合模式

"加深型"混合模式组中包括"变暗""正片叠底""颜色加深""线性加深"和"深色"5种混合模式，该类型的混合模式可将当前图像与底层图像进行比较，使底层图像变暗。

"变暗"混合模式是选择基色或混合色中较暗的颜色作为结果色。将替换比混合色亮的像素，而比混合色暗的像素保持不变，如图 4-43 所示。

"正片叠底"混合模式是查看每个通道中的颜色信息，并将基色与混合色进行混合，结果色总是较暗的颜色。任何颜色与黑色正片叠底产生黑色，任何颜色与白色正片叠底保持不变，如图 4-44 所示。

图 4-43 "变暗"效果　　　　　　　　　图 4-44 "正片叠底"效果

"颜色加深"混合模式是查看每个通道中的颜色信息，并通过增加对比度使基色变暗以反映混合色，与白色混合后不产生变化，如图 4-45 所示。

"线性加深"混合模式是查看每个通道中的颜色信息，并通过减小亮度使基色变暗以反映混合色，与白色混合后不产生变化，如图 4-46 所示。

"深色"混合模式是比较两个图层的所有通道值的总和并显示值较小的颜色，不会生成第 3 种颜色。混合后的效果类似于"变暗"模式的效果，但是图像变化的边缘更加硬朗，如图 4-47 所示。

图 4-45　"颜色加深"效果　　　图 4-46　"线性加深"效果　　　图 4-47　"深色"效果

　　3. "减淡型"混合模式

　　"减淡型"混合模式组中包括"变亮""滤色""颜色减淡""线性减淡（添加）"和"浅色"5 种混合模式，该类型混合模式与"加深型"混合模式相反，可使当前图像中的黑色消失。

　　"变亮"混合模式是查看每个通道中的颜色信息，并选择基色或混合色中较亮的颜色作为结果色。比混合色暗的像素被替换，比混合色亮的像素保持不变，如图 4-48 所示。

　　"滤色"混合模式是查看每个通道的颜色信息，并将混合色的互补色与基色进行正片叠底，结果色总是较亮的颜色。用黑色过滤时颜色保持不变，用白色过滤时将产生白色。此效果类似于多个摄影幻灯片在彼此之上投影，如图 4-49 所示。

图 4-48　"变亮"效果　　　　　　　图 4-49　"滤色"效果

　　"颜色减淡"混合模式是查看每个通道中的颜色信息，并通过减小对比度使基色变亮以反映混合色。与黑色混合则不发生变化，如图 4-50 所示。

　　"线性减淡（添加）"混合模式是查看每个通道中的颜色信息，并通过增加亮度使基色变亮以反映混合色，与黑色混合则不发生变化，如图 4-51 所示。

　　"浅色"混合模式混合后的效果与"变亮"模式相似，但是图像变化的边缘更加硬朗，它通过比较两个图层中所有通道值的总和并显示值较大的颜色，不会生成第 3 种颜色，如图 4-52 所示。

图 4-50　"颜色减淡"效果　　　图 4-51　"线性减淡（添加）"效果　　　图 4-52　"浅色"效果

4. "对比型"混合模式

"对比型"混合模式组中包括"叠加""柔光""强光""亮光""线性光""点光"和"实色混合"7 种混合模式。

"叠加"混合模式是对颜色进行正片叠底或过滤，具体取决于基色。图案或颜色在现有像素上叠加，同时保留基色的明暗对比，不替换基色，但基色与混合色相混以反映原色的亮度或暗度，如图 4-53 所示。

"柔光"混合模式是使颜色变暗或变亮，具体取决于混合色。当混合色比 50% 灰色亮时，则图像变亮，就像过滤效果；当混合色比 50% 灰色暗时，则图像变暗，就像正片叠底效果，如图 4-54 所示。

　　图 4-53　　"叠加"效果

　　图 4-54　　"柔光"效果

"强光"混合模式是当基色比 50% 灰色亮的像素会使图像变亮；比 50% 灰色暗的像素会使图像变暗。该模式产生的效果与耀眼的聚光灯照在图像上相似，混合后的图像色调变化相对比较强烈，颜色基本为上面的图像颜色，如图 4-55 所示。

"亮光"混合模式是通过增加或减小对比度来加深或减淡颜色，具体取决于混合色。如果混合色比 50% 灰色亮，则通过减小对比度使图像变亮；如果混合色比 50% 灰色暗，则通过增加对比度使图像变暗，如图 4-56 所示。

　　图 4-55　　"强光"效果

　　图 4-56　　"亮光"效果

"线性光"混合模式是通过减小或增加亮度来加深或减淡颜色，具体取决于混合色。如果混合色比 50% 灰色亮，则通过增加亮度使图像变亮；如果混合色比 50% 灰色暗，则通过减小亮度使图像变暗，如图 4-57 所示。

"点光"混合模式是根据混合色替换颜色。如果混合色比 50% 灰色亮，则替换比混合色暗的像素，而不改变比混合色亮的像素；如果混合色比 50% 灰色暗，则替换比混合色亮的像素，而比混合色暗的像素保持不变，如图 4-58 所示。

"实色混合"混合模式是将混合颜色的红色、绿色和蓝色通道值添加到基色的 RGB 值。如果通道的结果总和大于或等于 255，则值为 255；如果小于 255，则值为 0。该模式通常会使图像产生色调分离的效果，如图 4-59 所示。

图 4-57 "线性光"效果　　　图 4-58 "点光"效果　　　图 4-59 "实色混合"效果

5. "比较型"混合模式

　　"比较型"混合模式组中包括"差值""排除""减去"和"划分"4 种混合模式。该类混合模式可通过比较当前图像与底层图像，将相同的区域显示为黑色，不同的区域显示为灰度层次或色彩。

　　"差值"混合模式是查看每个通道中的颜色信息，并从基色中减去混合色，或从混合色中减去基色。与白色混合将反转基色值；与黑色混合则不产生变化，如图 4-60 所示。

　　"排除"混合模式是创建一种与"差值"混合模式相似但对比度更低的效果。与白色混合将反转基色值；与黑色混合则不发生变化，如图 4-61 所示。

图 4-60 "差值"效果　　　　　　　　图 4-61 "排除"效果

　　"减去"混合模式是将当前图层与下面图层中的图像色彩进行相减，将相减的结果呈现出来，在 8 位和 16 位的图像中，如果相减的色彩结果为负值，则颜色值为 0，如图 4-62 所示。

　　"划分"混合模式是将上一图层的图像色彩以下一图层的颜色为基准进行划分所产生的效果，如图 4-63 所示。

图 4-62 "减去"效果　　　　　　　　图 4-63 "划分"效果

6. "色彩型"混合模式

　　"色彩型"混合模式组包括"色相""饱和度""颜色"和"明度"4 种混合模式。

　　"色相"混合模式是用基色的明亮度、饱和度及混合色的色相创建结果色，如图 4-64

所示。

　　"饱和度"混合模式是用基色的明亮度、色相及混合色的饱和度创建结果色。在 0 饱和度（灰色）的区域上使用此模式绘画时，不会发生任何变化，如图 4-65 所示。

图 4-64　"色相"效果　　　　　　　　　图 4-65　"饱和度"效果

　　"颜色"混合模式是用基色的明亮度，以及混合色的色相和饱和度创建结果色。这样可以保留图像中的灰阶，对于给单色图像上色和给彩色图像着色都会非常有用，如图 4-66 所示。

　　"明度"混合模式是用基色的色相、饱和度及混合色的明亮度创建结果色。此模式可以创建与"颜色"模式相反的效果，如图 4-67 所示。

图 4-66　"颜色"效果　　　　　　　　　图 4-67　"明度"效果

4.1.6　应用案例——使用图层混合模式合成照片

源文件：源文件 \ 第 4 章 \ 使用图层混合模式合成照片
视频：视频 \ 第 4 章 \ 使用图层混合模式合成照片

Step 01 打开素材图像"源文件 \ 第 4 章 \ 素材 \07.jpg"，如图 4-68 所示。再打开素材图像"源文件 \ 第 4 章 \ 素材 \08.jpg"，使用移动工具将其拖入到"07.jpg"文档中，并对其进行透视变形操作，效果如图 4-69 所示。

图 4-68　打开素材图像　　　　　　　　图 4-69　图像效果 1

提示

　　选择要执行变换的图像所在的图层，执行"编辑→变换→透视"命令，或按 Ctrl+T 组合键，在变换框中间右击，在弹出的快捷菜单中选择"透视"命令，然后拖动变换框拐角的控制柄，即可对图像进行透视变换。

　　Step 02 "图层"面板中将自动添加"图层 1"图层，"图层"面板如图 4-70 所示。设置"图层 1"的混合模式为"叠加"，"不透明度"为 80%，图像效果如图 4-71 所示。

图 4-70　"图层"面板　　　　　　　　　　　　图 4-71　图像效果 2

　　Step 03 单击"图层"面板下方的"添加图层蒙版"按钮，将"前景色"设置为黑色，在图像中适当进行涂抹，图像效果如图 4-72 所示，"图层"面板如图 4-73 所示。

图 4-72　蒙版效果　　　　　　　　　图 4-73　　"图层"面板

　　Step 04 单击"图层"面板下方的"创建新的填充或调整图层"按钮，在打开的下拉列表框中选择"色阶"选项，打开"属性"面板，设置相应的参数，如图 4-74 所示，最终图像效果如图 4-75 所示。

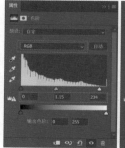
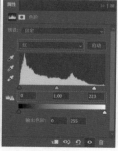

图 4-74　设置参数　　　　　　　　　　　图 4-75　最终图像效果

4.1.7　使用图层样式

图层样式是最具吸引力的功能之一，它可以为图像添加阴影、发光、浮雕、叠加和描边等效果，从而创建具有真实质感的金属、塑料、玻璃和岩石效果，如图 4-76 所示。

要为当前图层应用图层样式，可单击"图层"面板中的"添加图层样式"按钮，在打开的下拉列表框中选择相应的样式，即可弹出"图层样式"对话框，如图 4-77 所示。

图 4-76　图层样式下拉列表框　　　　　　图 4-77　"图层样式"对话框

> **提示**
>
> "背景"图层不能添加图层样式。如果要为其添加样式，需要先将"背景"图层转换为普通图层。对于像素图层而言，可以直接双击图层缩览图弹出"图层样式"对话框；对于形状图层而言，则需要双击缩览图的空白区域。如果双击缩览图，则会弹出设置填充颜色的对话框。

完成图层样式的设置后，单击"确定"按钮即可生效，该图层右侧会出现一个图层样式标志 fx ，如图 4-78 所示。单击该标志右侧的按钮可折叠或展开样式列表，如图 4-79 所示。

图 4-78　图层样式图标　　　　　　　图 4-79　折叠样式列表

1. "样式"面板

"图层样式"对话框的"样式"面板提供了预设样式，选择一个图层，然后选择"样式"面板中的一个样式，即可为所选图层添加该样式，如图 4-80 所示。单击面板右上角的 ■ 按钮，可以打开面板菜单，如图 4-81 所示。

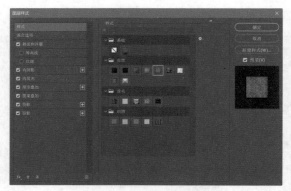

图 4-80 "样式"面板   图 4-81 面板菜单

将"图层"面板中需要创建为新样式的图层选中，如图 4-82 所示。单击"样式"面板底部的"创建新样式"按钮，或者选择"样式"面板菜单中的"新建样式"命令，弹出"新建样式"对话框，如图 4-83 所示。完成设置后，单击"确定"按钮，即可创建新样式，用户可以在"样式"面板中找到它。

图 4-82 选中图层   图 4-83 "新建样式"对话框

如果想删除"样式"面板中的样式，可以在想要删除的样式上右击，在弹出的快捷菜单中选择"删除样式"命令，或者在面板菜单中选择"删除样式"命令，如图 4-84 所示。在弹出的"图层样式"对话框中单击"确定"按钮，如图 4-85 所示，即可删除样式。

图 4-84 选择"删除样式"命令   图 4-85 "图层样式"对话框

　　为了能够在其他设备中使用自定义的样式，可以将一个自定义样式或包含多个样式的样式组导出为 .asl 格式的样式库文件。

　　在想要导出的样式或样式组上右击，在弹出的快捷菜单中选择"导出所选样式"命令，或者在面板菜单中选择"导出所选样式"命令，在弹出的"另存为"对话框中设置样式库的名称和保存位置，如图 4-86 所示。单击"保存"按钮，即可将所选样式导出。

图 4-86　"另存为"对话框

　　在"样式"面板的面板菜单中选择"导入样式"命令，或者在样式组上右击，在弹出的快捷菜单中选择"导入样式"命令，弹出"载入"对话框。找到并选择 .asl 格式的文件，单击"载入"按钮，即可完成样式的载入。

　　2. 图层样式复选框

　　在"图层样式"对话框左侧的效果列表中，选择任意一个复选框，可在右侧的选项组中对该效果的参数进行设置。

　　选择"斜面和浮雕"复选框，可为图层添加高光与阴影的各种组合，如图 4-87 所示。"描边"复选框，可以使用颜色、渐变或图案在当前图层上描画对象的轮廓，如图 4-88 所示。

Photoshop　　**Photoshop**

图 4-87　斜面和浮雕效果　　　　　　　図 4-88　描边效果

　　选择"内阴影"复选框，紧靠在图层内容的边缘内添加阴影，使图层有凹陷外观，如图 4-89 所示。选择"内发光"复选框，可以在图像内边缘添加发光效果，如图 4-90 所示。

Photoshop　　**Photoshop**

图 4-89　内阴影效果　　　　　　　　図 4-90　内发光效果

　　选择"光泽"复选框，应用创建光滑光泽的内部阴影，如图 4-91 所示。选择"颜色叠加"复选框，可以使用颜色填充图层内容，如图 4-92 所示。

Photoshop　　**Photoshop**

图 4-91　光泽效果　　　　　　　　図 4-92　颜色叠加效果

　　选择"渐变叠加"复选框，可以使用渐变填充图层内容，如图 4-93 所示。选择"图

案叠加"复选框，可以使用图案填充图层内容，如图 4-94 所示。

Photoshop **Photoshop**

图 4-93　渐变叠加效果 　　　　　　　　　　图 4-94　图案叠加效果

选择"外发光"复选框，可以在图像外边缘添加发光效果，如图 4-95 所示。选择"投影"复选框，可以在图像后添加阴影效果，如图 4-96 所示。

Photoshop **Photoshop**

图 4-95　外发光效果 　　　　　　　　　　图 4-96　投影效果

4.2　Photoshop CC 2023 中的图层蒙版和矢量蒙版

图层蒙版和矢量蒙版对于除了"背景"图层外的所有图层都起作用，它们的核心功能就是可以显示或隐藏图层的某个部分，通过对蒙版的编辑达到需要的效果。不同的蒙版有着各自的特征，接下来将针对图层蒙版和矢量蒙版进行讲解。

4.2.1　创建图层蒙版

在 Photoshop CC 2023 中创建图层蒙版可以通过多种方法来实现，如通过命令或通过面板创建，下面将具体讲解创建图层蒙版的方法。

在"图层"面板中选择需要添加图层蒙版的图层，执行"图层→图层蒙版→显示全部/隐藏全部"命令，或单击"图层"面板中的"添加图层蒙版"按钮 ，即可创建可以显示 / 隐藏全部的图层蒙版，如图 4-97 所示。

执行命令　　　　　　单击按钮显示全部　　　　隐藏全部

图 4-97　创建图层蒙版

4.2.2　编辑图层蒙版

在编辑图层蒙版之前，首先需要单击"图层"面板中的图层蒙版缩览图，然后使用

多种绘图工具在画面中进行操作。

1. 渐变蒙版

打开一个素材文件，在"图层"面板中选择"图层 1"图层，单击"添加图层蒙版"按钮 █，为"图层 1"添加图层蒙版，如图 4-98 所示。单击工具箱中的"渐变工具"按钮 █，在选项栏中单击"渐变预览条"，弹出"渐变编辑器"对话框，参数设置如图 4-99 所示。

图 4-98　添加图层蒙版

图 4-99　"渐变编辑器"对话框

单击"确定"按钮，完成渐变颜色设置，单击"径向渐变"按钮 █，在画布中拖动鼠标为图层蒙版填充径向渐变效果，如图 4-100 所示。填充渐变后，部分图像将被隐藏，效果如图 4-101 所示。

图 4-100　填充径向渐变效果

图 4-101　应用蒙版后的效果

2. 手绘蒙版

打开素材文件，为"图层 1"添加蒙版，"图层"面板如图 4-102 所示。单击工具箱中的"画笔工具"按钮 █，在选项栏中设置合适的画笔笔触和不透明度参数，设置"前景色"为黑色，在需要隐藏处涂抹，即可隐藏绘制部分，效果如图 4-103 所示。

3. 显示并隐藏蒙版内容

用户可以通过显示或隐藏蒙版内容，对蒙版进行精确的调整。按住 Alt 键并单击蒙版缩览图，如图 4-104 所示，即可查看蒙版内容，如图 4-105 所示。查看完成后，再次按住 Alt 键并单击蒙版缩览图，即可重新回到图层内容，如图 4-106 所示。

图 4-102 "图层"面板　　　　　　　　　　图 4-103 应用蒙版效果

图 4-104 单击蒙版缩览图　　图 4-105 蒙版显示内容　　　　图 4-106 隐藏蒙版内容

4.2.3 应用案例——为照片添加白云效果

源文件：源文件 \ 第 4 章 \ 为照片添加白云效果
视频：视频 \ 第 4 章 \ 为照片添加白云效果

Step 01 打开素材图像"源文件 \ 第 4 章 \ 素材 \09.jpg"，如图 4-107 所示。再打开素材图像"源文件 \ 第 4 章 \ 素材 \10.jpg"，如图 4-108 所示。

图 4-107 打开素材图像"09.jpg"　　　　图 4-108 打开素材图像"10.jpg"

Step 02 单击工具箱中的"移动工具"按钮 ✛，将照片"10.jpg"拖曳到照片"09.jpg"中，并适当调整其位置和大小，自动生成"图层 1"图层，如图 4-109 所示。隐藏"图层 1"图层，选择"磁性套索工具" ⍟，在山峰边缘单击并拖动鼠标绘制路径，如图 4-110 所示。

图 4-109　拖曳照片

图 4-110　绘制路径

Step 03 继续拖动鼠标，将整个图像中的天空区域包围，闭合路径得到选区，效果如图 4-111 所示。显示并选中"图层 1"图层，单击"图层"面板中的"添加图层蒙版"按钮，为图层添加图层蒙版，效果如图 4-112 所示。

图 4-111　闭合路径得到选区

图 4-112　添加图层蒙版效果

提示

"磁性套索工具"最适合用于选择颜色与颜色差别比较大的图像。单击并移动鼠标，在鼠标移动的同时会出现自动跟踪的线，这条线会紧贴着颜色的边界处，边界颜色越明显，磁力越强。使用这种工具可以快速选择不同的色块，提高工作效率。

Step 04 使用"画笔工具"对图层蒙版进行适当修改，此时的"图层"面板如图 4-113 所示。最终图像效果如图 4-114 所示。

图 4-113　"图层"面板

图 4-114　最终图像效果

4.2.4　应用和删除图层蒙版

对图层蒙版进行编辑后，可应用图层蒙版或将图层蒙版删除。应用图层蒙版使图层只选择和显示未被蒙版的图像部分，而不改变图像本身；删除图层蒙版则会回到图像的原始状态。接下来将介绍应用和删除图层蒙版的方法。

选择蒙版图层，执行"图层→图层蒙版"子菜单下的命令，或者右击蒙版缩览图，在弹出的快捷菜单中选择相应的命令，如图 4-115 和图 4-116 所示，即可快速应用和删除图层蒙版。

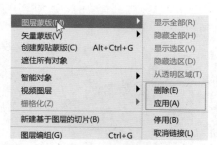

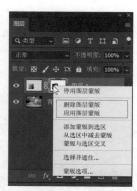

图 4-115　执行命令应用和删除图层蒙版　　　　图 4-116　快捷菜单应用和删除图层蒙版

还可以选中蒙版缩览图，按住鼠标左键将其拖曳到"删除图层"按钮上，如图 4-117 所示。在弹出的提示对话框中可以选择应用或者删除图层蒙版，如图 4-118 所示。

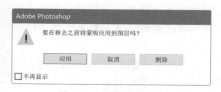

图 4-117　拖曳删除图层蒙版　　　　　　图 4-118　提示对话框

4.2.5　应用和删除矢量蒙版

从功能上看，矢量蒙版类似于图层蒙版，但是两者之间有很多不同之处，最本质的区别就是前者使用矢量图形来控制图像的显示和隐藏，而后者是使用像素画的图像来控制图像的显示与隐藏。

矢量蒙版具有独立的分辨率，因此可反复对它执行旋转、缩放或斜切等变换操作，并且不会影响图像的分辨率。矢量蒙版由"钢笔工具"或各种形状工具创建而成，执行"图层→矢量蒙版"命令，在打开的子菜单中选择相应的命令，可对矢量蒙版进行相应的编辑，如图 4-119 所示。

图 4-119 "矢量蒙版"子菜单

1. 显示全部和隐藏全部

打开素材文件,"图层"面板如图 4-120 所示。选择需要设置的图层,执行"图层→矢量蒙版"命令,在打开的子菜单中选择相应的命令,即可创建显示全部或隐藏全部的矢量蒙版,如图 4-121 所示。

图 4-120 "图层"面板　　　图 4-121 创建显示全部或隐藏全部的矢量蒙版

2. 编辑矢量蒙版

用户可以通过"图层"面板快捷菜单或执行命令删除、启用或链接矢量蒙版。选中矢量蒙版,再右击,在弹出的快捷菜单中选择相应的命令即可,还可以执行"图层→矢量蒙版"命令,在打开的子菜单中选择相应的命令,如图 4-122 所示。

面板快捷菜单　　　"矢量蒙版"子菜单　　　停用矢量蒙版　　　取消矢量蒙版链接

图 4-122 编辑矢量蒙版

4.3 Photoshop CC 2023 中的剪贴蒙版和快速蒙版

当用户将某个图层中图像的一部分改变颜色或应用滤镜时,可以通过剪贴蒙版或快速蒙版隔离并保护图层中特定区域的像素不受影响。接下来讲解剪贴蒙版和快速蒙版的应用方法与技巧。

4.3.1　使用剪贴蒙版

剪贴蒙版由两部分组成，即基底层与内容层。基底层位于整个剪贴蒙版的底部，而内容层则位于剪贴蒙版中基底层的上方。

剪贴蒙版可使某个图层的内容遮盖其上方的图层，遮盖效果由底部图层即基底层决定。基底层的非透明内容将在剪贴蒙版中显示它上方的图层的内容。图 4-123 所示为添加剪贴蒙版前后的效果。

原图像　　　　　　　　　　"图层"面板　　　　　　　　剪贴蒙版效果

图 4-123　创建剪贴蒙版

创建剪贴蒙版的操作可以通过多种方式实现。选择内容层，按住 Alt 键并单击内容层与基底层之间的分割线，即可快速创建剪贴蒙版，如图 4-124 所示。

用户还可以选择内容层后，单击"图层"面板右上角按钮面板菜单按钮 ▤，在打开的下拉菜单中选择"创建剪贴蒙版"命令，如图 4-125 所示。

除了上述方法，还可以执行"图层→创建剪贴蒙版"命令或按 Ctrl+Alt+G 组合键创建剪贴蒙版，如图 4-126 所示。

图 4-124　单击分割线创建　　　　　图 4-125　面板菜单创建　　　　　图 4-126　执行命令创建

4.3.2　进入快速蒙版编辑状态

打开一张素材图像，设置"前景色"为黑色，单击工具箱中的"以快速蒙版模式编辑"按钮 ▣，如图 4-127 所示。使用"画笔工具"涂抹需要抠出的部分，被蒙版的区域以红色显示，如图 4-128 所示。单击"以标准模式编辑"按钮 ，图像中画笔涂抹过的区域就会被转为选区，如图 4-129 所示。

图 4-127　单击"以快速蒙版模式编辑"按钮

图 4-128　绘制范围

图 4-129　转换为选区

4.3.3　设置快速蒙版选项

　　快速蒙版选项包括"色彩指示"和"颜色"两块区域的设置，如果想调整快速蒙版选项，可以双击工具箱中的"以快速蒙版编辑模式"按钮 ，在弹出的"快速蒙版选项"对话框中设置快速蒙版的相关选项，如图 4-130 所示。

　　色彩指示用于选择蒙版区域或所选区域进行进一步的设置，包括被蒙版区域和所选区域。

图 4-130　"快速蒙版选项"对话框

　　将被蒙版区域设置为"不透明"，并将所选区域设置为透明，用白色画笔涂抹可扩大选中区域，用黑色画笔涂抹可扩大被蒙版区域。所选区域是将被蒙版区域设置为白色，并将所选区域设置为黑色，即不透明效果。用白色画笔涂抹可扩大被蒙版区域，用黑色画笔涂抹可扩大选中区域。

　　颜色用于更改快速蒙版的颜色和不透明度。若要更改快速蒙版的颜色，可单击颜色块，在弹出的"选择快速蒙版颜色"对话框中设置快速蒙版的颜色；若要更改快速蒙版的不透明度，可以在"不透明度"选项后的输入框中输入数值，该数值可以是 0 ～ 100 的任意整数。

4.4　Photoshop CC 2023 中的通道

　　通道是存储不同类型信息的灰度图像，是基于色彩模式这一基础上衍生出的简化操作工具。通道的功能根据其所属类型的不同而不同。

4.4.1　"通道"面板

　　在"通道"面板中包含 4 种通道类型，分别为复合通道、颜色通道、专色通道和 Alpha 通道，这些通道都以图标的形式出现在"通道"面板中。

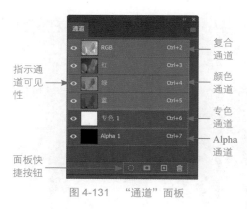

指示通道可见性

面板快捷按钮

图 4-131　"通道"面板

复合通道

颜色通道

专色通道

Alpha 通道

执行"窗口→通道"命令，可打开"通道"面板，如图 4-131 所示。接下来将对"通道"面板的相关内容进行讲解。

复合通道始终以色彩显示，只有在 RGB 模式、CMYK 模式和 Lab 模式的图像中才会出现该通道。颜色通道是打开图像后自动创建的，图像的颜色模式决定了所创建通道的数目。

专色通道用于设置专色油墨印刷的附加印版。单击"通道"面板右上角的面板菜单按钮，在打开的菜单中选择"新建专色通道"命令，如图 4-132 所示。在弹出的"新建专色通道"对话框中可对专色通道的相关选项进行设置，如图 4-133 所示。

图 4-132　选择"新建专色通道"命令

图 4-133　"新建专色通道"对话框

Alpha 通道用于将选区存储为灰度图像。在 Alpha 通道中，所选的图像呈白色显示，未选中的图像呈黑色显示。

4.4.2　不同颜色模式的通道

颜色通道信息是在打开素材图像时自动生成的，图像的颜色模式决定了所创建的颜色通道的数目。其中 RGB 模式的图像包括 RGB 复合通道、红色、绿色、蓝色 4 个颜色通道，如图 4-134 所示。

CMYK 模式的图像包括 CMYK 复合通道、青色、洋红、黄色和黑色 5 个颜色通道，如图 4-135 所示。

Lab 模式的图像包括 Lab 复合通道、明度、a 和 b 共 4 个通道，如图 4-136 所示。

图 4-134　RGB 模式通道

图 4-135　CMYK 模式通道

图 4-136　Lab 模式通道

4.4.3　通道的基本操作

在"通道"面板中选择一个通道，单击右上角的面板菜单按钮■，在打开的菜单中可选择需要的命令，快速完成通道的设置，如图 4-137 所示。接下来对相关命令进行讲解。

1. 新建/复制/删除通道

在对照片进行处理时，可以创建一个新通道。与创建新图层不同的是，新建的 Alpha 通道主要用于存储选区。选择"新建通道"命令，弹出"新建通道"对话框，图 4-138 所示。

在该对话框中可以对新建通道的相关选项进行设置，设置完成后，单击"确定"按钮，即可创建一个 Alpha 通道。新建的 Alpha 通道在"通道"面板窗口中显示为黑色，如图 4-139 所示。

图 4-137　"通道"面板菜单　　图 4-138　"新建通道"对话框　　图 4-139　新建通道

在处理数码照片时，若要对通道进行编辑，可以创建一个备份。选中需要复制的通道，在面板菜单中选择"复制通道"命令，弹出"复制通道"对话框，如图 4-140 所示。

在该对话框中可以设置复制通道的相关参数，设置完成后，单击"确定"按钮，即可备份通道，如图 4-141 所示。

选中要删除的通道，在面板菜单中选择"删除通道"命令，即可将当前选择的通道删除，如图 4-142 所示。

  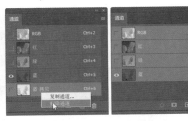

图 4-140　"复制通道"对话框　　图 4-141　备份通道　　图 4-142　删除通道

2. 分离/合并通道

用于分离或合并通道，分离通道是将原照片素材关闭，将通道中的图像以 3 个灰度图像窗口显示，如图 4-143 所示。

合并通道则与前者相反，是将多个灰色图像合并为一个图像通道。选择分离后的任意一个灰色照片，在面板菜单中选择"合并通道"命令，弹出"合并通道"对话框，如图 4-144 所示。

图 4-143　分离通道后照片效果　　　　图 4-144　"合并通道"对话框

在该对话框中可选择 RGB 颜色模式，如图 4-145 所示。单击"确定"按钮，弹出"合并 RGB 通道"对话框，在该对话框中选择不同的通道图像，如图 4-146 所示。单击"确定"按钮，即可将多个图像通道合并。

3. 面板选项

用于设置"通道"面板中各通道的显示状态，在面板菜单中选择"面板选项"命令，弹出"通道面板选项"对话框，在该对话框中可设置通道缩览图的大小，如图 4-147 所示。

图 4-145　"合并通道"对话框　　图 4-146　"合并 RGB 通道"对话框　　图 4-147　"通道面板
　　　　　　　　　　　　　　　　　　　　　　　　　　　　　　　　　　　　选项"对话框

4.4.4　使用"应用图像"命令

"应用图像"命令除了可以在两个或两个以上相同大小、相同类型的文件中使用，还可以在同一照片中应用此命令，进行图像整体颜色的调整。

打开原照片和目标照片，将目标照片拖曳到原照片文件中，得到"图层 1"图层，如图 4-148 所示。选择该图层，执行"图像→应用图像"命令，弹出"应用图像"对话框，在该对话框中进行相关参数设置，如图 4-149 所示。

图 4-148　"图层 1"面板　　　　图 4-149　设置"应用图像"对话框中的参数

单击"确定"按钮，图像效果如图 4-150 所示。

图 4-150 应用图像效果

4.4.5 选区、蒙版和通道的关系

在 Photoshop 中，通道、蒙版和选区具
有很重要的地位，它们三者之间也存在很
大关联，而且选区、图层蒙版、快速蒙版及
Alpha 通道四者之间具有 5 种转换关系，如
图 4-151 所示。

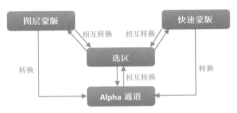

图 4-151 选区、蒙版和通道之间的关系

1. 选区与快速蒙版的关系

选区和快速蒙版之间具有相互转换的关
系。要对图像的某个部分进行色彩调整，就
必须有一个制定过程，这个制定过程称为选取，选取后便会形成选区。选区主要包含以
下两个概念。

（1）选区是封闭的区域，可以是任何形状，但一定是封闭的，不存在开放的选区。

（2）选区一旦建立，大部分操作只针对选区范围内有效，如果要针对全图操作，必
须先取消选区。

在具体操作时，可以通过创建并编辑快速蒙版得到选区，也可以通过将选区转换成
快速蒙版，再对其进行编辑得到更为精确的选区。

单击工具箱中的"磁性套索工具"按钮，选出对象的基本轮廓，如图 4-152 所示。
此时就可以方便地使用快速蒙版进行编辑了，单击工具箱中的"以快速蒙版模式编辑"
按钮，非选择区域会自动用半透明的红色填充，如图 4-153 所示。

图 4-152 创建选区

图 4-153 进入快速蒙版

单击工具箱中的"画笔工具"按钮，将"前景色"设置为"黑色"，在非选区部分进
行涂抹即可，如图 4-154 所示。

　　半透明红色是被蒙版区域，退出快速蒙版状态后，半透明红色之外的区域为选区选中图像，使用快速蒙版编辑后将得到更为精确的选区，如图 4-155 所示。

图 4-154　涂抹非选区部分　　　　　　　　图 4-155　得到精确选区

2. 选区与图层蒙版的关系

　　选区与图层蒙版之间同样具有相互转换的关系。通过在"图层"面板中单击"添加图层蒙版"按钮，为当前图层添加一个图层蒙版，图像将取消选区，如图 4-156 所示。"图层"面板如图 4-157 所示。按住 Ctrl 键并在"图层"面板中单击图层蒙版缩览图，则可以载入其存储的选区，如图 4-158 所示。

图 4-156　取消选区　　　　图 4-157　"图层"面板　　　　图 4-158　载入选区

3. 选区与 Alpha 通道的关系

　　选区与 Alpha 通道之间具有相互依存的关系。Alpha 通道具有存储选区的功能，以便用到时可以载入选区。在图像上创建需要处理的选区，如图 4-159 所示。

　　执行"选择→存储选区"命令，或单击"通道"面板中的"将选区存储为通道"按钮 ，都可以将选区转换为 Alpha 通道，如图 4-160 所示。

图 4-159　创建选区　　　　　　　　图 4-160　存储选区

4. 通道与快速蒙版的关系

快速蒙版可以转换为 Alpha 通道。在快速蒙版编辑状态下，"通道"面板中将会自动生成一个名为"快速蒙版"的暂存通道，如图 4-161 所示。将该通道拖动至"创建新通道"按钮上，释放鼠标即可复制通道并将其存储为 Alpha 通道，如图 4-162 所示。

图 4-161　快速蒙版临时通道　　　图 4-162　复制快速蒙版通道并存储 Alpha 通道

5. 通道与图层蒙版的关系

图层蒙版可以转换成 Alpha 通道。通过在"图层"面板中单击"添加图层蒙版"按钮，为当前图层添加一个图层蒙版，切换至"通道"面板时，可以看到"通道"面板中暂存了一个临时的通道，如图 4-163 所示。

将该通道拖动至"创建新通道"按钮上，可以将其存储为 Alpha 通道，如图 4-164 所示。

图 4-163　快速蒙版通道　　　　　图 4-164　转换为 Alpha 通道

4.5　本章小结

图层、蒙版和通道之间是相互联系的，无论缺少哪个功能，都会失去前进的方向。在使用 Photoshop 处理数码照片时，有效地结合使用这三大功能，读者不但能够深刻掌握它们的使用方法和技巧，而且还能够通过它们的结合为自己的创作思路带来灵感，使今后的数码照片处理更加顺畅自如。

第 5 章
为数码照片增加艺术效果

Photoshop CC 2023 提供了强大的艺术绘图功能，包括绘图工具、形状工具和路径等。用户可以使用这些工具或命令为数码照片添加各种逼真、形象的艺术形状，再配合不同的调色命令渲染图像氛围，使照片看起来更具艺术感。

本章将对各种绘图工具、形状工具和路径工具等，以及图形的颜色设置与填充进行详细讲解，并通过精美的案例帮助读者更深刻地理解这些工具的具体应用方法。

本章知识点

（1）掌握绘图工具的使用方法。
（2）掌握形状工具的使用方法。
（3）掌握路径的创建和编辑操作。
（4）掌握图形的颜色设置与填充操作。

5.1 使用绘图工具

Photoshop CC 2023 提供了多种绘图工具和图像编辑工具，其中绘图工具包括画笔工具、铅笔工具、颜色替换工具和混合器画笔工具，图像编辑工具包括橡皮擦工具、背景橡皮擦工具和魔术橡皮擦工具，如图 5-1 所示。使用这些工具可以绘制各种不同形状和笔触的图像，接下来重点讲解它们的使用方法和技巧。

图 5-1　绘图工具和图像编辑工具

5.1.1　画笔工具

"画笔工具"是最基本的绘图工具，使用它可以自由地绘制出各种形态的图像。单击工具箱中的"画笔工具"按钮，或按 B 键，即可调出画笔工具。如果在其选项栏中对画笔的大小、模式和不透明度等参数进行相应的设置，那么绘制出的图像将更加丰富多彩。图 5-2 所示为"画笔工具"选项栏。

图 5-2　"画笔工具"选项栏

单击"画笔"右侧的向下箭头按钮，可以打开"工具预设"面板，如图 5-3 所示。工具预设是选定该工具的现成版本，单击"工具预设"面板右上角的"工具预设菜单"按钮 ，可以打开工具预设菜单，如图 5-4 所示，通过该菜单中的命令，可以执行新建工具预设和载入工具预设等操作。

单击"笔触大小"后面的向下箭头按钮，在打开的"画笔预设"选取器中可以选择画笔笔尖，设置画笔的大小和硬度，如图 5-5 所示。

图 5-3　"工具预设"面板

图 5-4　工具预设菜单

图 5-5　"画笔预设"选取器

单击"切换'画笔设置'面板"按钮，可以打开"画笔设置"面板，在其中可以对画笔进行多种样式的设置。

"模式"选项用来设置画笔的绘画模式。在下拉列表框中可以选择画笔笔迹颜色与下面像素的混合模式。

"流量"用来设置将鼠标指针移动到某个区域上方时应用颜色的速率。

单击"启用喷枪模式"按钮，即可启用喷枪功能。将渐变色调应用于图像，同时模拟传统的喷枪技术，Photoshop 会根据鼠标左键的单击程度确定画笔线条的填充数量。

提示

使用"画笔工具"时，在英文状态下，按 [键可以减小画笔的直径，按] 键可以增加画笔的直径；对于实边圆、柔边圆和书法画笔，按下 Shift+[组合键可减小画笔的硬度，按 Shift+] 组合键则可以增加画笔的硬度。按键盘中的数字键可以调整工具的不透明度。例如，按 1 键时，不透明度为 10%；按 5 键时，不透明度为 50%；按 75 键时，不透明度为 75%；按 0 键时，不透明度为 100%。

单击"对称选项"按钮，从打开的下拉列表框中任意选择圆形、径向、螺线和曼陀罗等预设对称类型。用户可以定义一个或多个对称轴，根据对称轴来绘制完全对称的画笔描边图案效果，如图 5-6 所示。

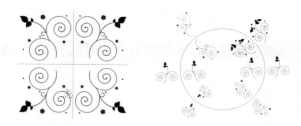

图 5-6 不同 "对称选项" 的图像效果

5.1.2 铅笔工具

"铅笔工具" 与 "画笔工具" 的使用方法大同小异,其区别是 "画笔工具" 能够绘制出柔和、平滑的线条,而 "铅笔工具" 绘制出的线条笔触较硬,放大之后边缘还会出现锯齿。两者的工具选项栏极为相似,除 "自动抹除" 选项外,其他选项均相同。图 5-7 所示为 "铅笔工具" 选项栏。

图 5-7 "铅笔工具" 选项栏

选择 "自动抹除" 复选框绘制图像时,可将同一图层中的前景色区域涂抹成背景色,再次涂抹则可将该区域涂抹成前景色。

5.1.3 颜色替换工具

使用 "颜色替换工具" 在画布中涂抹,可以用设置的 "前景色" 替换数码照片中指定的颜色,但该工具不适合用于位图、索引和多通道颜色模式的图像。

单击工具箱中的 "颜色替换工具" 按钮,在选项栏中会出现相应的选项,如图 5-8 所示。用户可以根据操作需求,对各项参数进行设置。

图 5-8 "颜色替换工具" 选项栏

"颜色替换工具" 在替换图像中的局部颜色方面非常方便实用,在替换颜色时,应注意光标不要碰到要替换的颜色图像以外的范围,否则将被替换成其他颜色。接下来通过一个实例向读者介绍 "颜色替换工具" 的应用方法。

5.1.4 应用案例——使用 "颜色替换工具" 替换局部颜色

源文件:源文件\第 5 章\使用 "颜色替换工具" 替换局部颜色
视频:视频\第 5 章\使用 "颜色替换工具" 替换局部颜色

Step01 打开素材图像 "源文件\第 5 章\素材\01. jpg",如图 5-9 所示。按 Ctrl+J 组合键复制 "背景" 图层,得到 "图层 1" 图层。单击工具箱中的 "设置背景色" 控件,弹出 "拾色器(背景色)" 对话框,在图像中单击吸取颜色,如图 5-10 所示。

图 5-9　打开素材图像

图 5-10　设置背景色

Step 02 设置完成后，单击"颜色替换工具"按钮，设置"前景色"为 RGB（9、180、224），并在选项栏中进行设置，在照片中进行涂抹，如图 5-11 所示。再次单击工具箱中的"背景色"控件，弹出"拾色器（背景色）"对话框，在图像中未被替换颜色的区域单击吸取颜色，如图 5-12 所示。

图 5-11　替换颜色

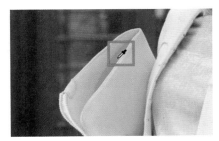
图 5-12　设置背景色

Step 03 使用"颜色替换工具"涂抹相应的区域，将手袋全部替换为蓝色，如图 5-13 所示。使用"历史记录画笔工具" 仔细涂抹手部，使其恢复原状，最终照片效果如图 5-14 所示。

图 5-13　替换颜色

图 5-14　最终照片效果

5.1.5　混合器画笔工具

使用"混合器画笔工具"可以在一个笔刷上载入多个颜色，以逼真的混色进行绘图。或使用干的混色器画笔混合照片颜色，将普通的图像转换成一幅美丽的油画作品。

单击工具箱中的"混合器画笔工具"按钮，在选项栏中会出现相应的选项，如图 5-15 所示，对相应的选项进行设置，可以创建出不同效果的图像。

图 5-15　"混合器画笔工具"选项栏

提示

　　当设置"潮湿"值为 100%，"载入"值为 0 时，绘画时将以画布中的颜色为主进行绘画操作；当设置"潮湿"值为 0，"载入"值为 100% 时，绘画时将以前景色为主进行绘画操作。

5.1.6　橡皮擦工具

　　使用"橡皮擦工具"在画布中涂抹可以擦除图像中的像素，或者为图像擦除出某种效果。单击工具箱中的"橡皮擦工具"按钮，在选项栏中会出现相应的选项，如图 5-16 所示，用户可以根据具体需求对各个参数进行设置。

图 5-16　"橡皮擦工具"选项栏

　　在普通的图层中使用"橡皮擦工具"，涂抹区域会被擦除，显示透明区域，如图 5-17 所示。若在"背景"图层或者锁定透明区域的图层中使用"橡皮擦工具"，被擦除的部分会显示为背景色，如图 5-18 所示。

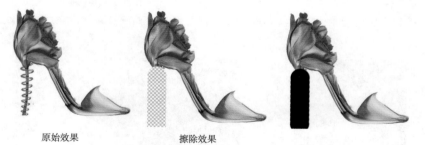

原始效果　　　　　　擦除效果

图 5-17　在普通图层中擦除　　　　　图 5-18　在"背景"图层中擦除

5.2　使用形状工具

图 5-19　形状工具组

　　Photoshop CC 2023 中的形状工具包括矩形工具、椭圆工具、三角形工具、多边形工具、直线工具和自定形状工具。右击"矩形工具"按钮，可以弹出形状工具组，如图 5-19 所示。使用这些工具能够在照片中绘制直线、矩形、圆角矩形、椭圆、多边形和自定义形状图形，为图像添加更多的艺术效果。

5.2.1　矩形工具

使用"矩形工具"可以绘制矩形或正方形，在画布中单击并拖曳鼠标即可创建矩形。单击工具箱中的"矩形工具"按钮，其选项栏如图 5-20 所示。

图 5-20　"矩形工具"选项栏

"矩形工具"中的工具模式与"钢笔工具"不同的是，形状工具可以使用该下拉列表框中的"像素"模式，如图 5-21 所示。在该模式下创建的图像将是像素图，并且自动填充前景色，不会产生路径。

单击"路径选项"按钮，将打开"路径选项"面板，用户可以在该面板中设置绘制矩形形状的方式，如图 5-22 所示。

单击工具箱中的"矩形工具"按钮，在画布中单击，弹出"创建矩形"对话框，如图 5-23 所示。在该对话框中可以设置矩形的宽度、高度及创建方式，单击"确定"按钮，即可自动创建规定大小的矩形。

图 5-21　"像素"模式

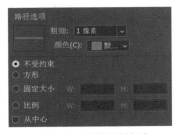

图 5-22　设置绘制方式

图 5-23　"创建矩形"对话框

> **提示**
>
> 使用"矩形工具"在画布中绘制矩形时，按住 Shift 键，可以直接绘制出正方形；按住 Alt 键，将以单击点为中心向四周扩散绘制矩形；按 Shift+Alt 组合键，将以单击点为中心，向四周扩散绘制正方形。

5.2.2　椭圆工具

使用"椭圆工具"可以绘制椭圆和正圆形，在画布中单击并拖动鼠标即可绘制。单击工具箱中的"椭圆工具"按钮，其选项栏如图 5-24 所示。它的选项设置与"矩形工具"的选项设置相同。椭圆的创建方法与矩形基本相同，用户可以创建不受约束的椭圆，或者创建固定大小和固定比例的图形。

图 5-24　"椭圆工具"选项栏

提示

　　使用"椭圆工具"在画布中绘制椭圆形时，如果拖动鼠标的同时按住 Shift 键，可以绘制正圆；按住 Alt 键，将以单击点为中心向外绘制椭圆形；如果按住 Alt+Shift 组合键，则将以单击点为中心向外绘制正圆。

5.2.3　应用案例——使用"椭圆工具"绘制梦幻效果

　　源文件：源文件 \ 第 5 章 \ 使用"椭圆工具"绘制梦幻效果
　　视频：视频 \ 第 5 章 \ 使用"椭圆工具"绘制梦幻效果

Step01 打开素材图像"源文件 \ 第 5 章 \ 素材 \02.jpg"，如图 5-25 所示。单击"图层"面板中的"新建图层"按钮，新建"图层 1"图层，"图层"面板如图 5-26 所示。

图 5-25　打开素材图像　　　　　　　图 5-26　　"图层"面板

Step02 单击工具箱中的"椭圆工具"按钮，在选项栏中选择绘制"工具模式"为"像素"，设置"前景色"为 RGB（250、29、80），在场景中单击，弹出"创建椭圆"对话框，设置参数如图 5-27 所示。单击"确定"按钮，图像效果如图 5-28 所示。

图 5-27　设置参数　　　　　　　　图 5-28　图像效果 1

Step03 继续在画布中单击，在弹出的"创建椭圆"对话框中设置参数，如图 5-29 所示。单击"确定"按钮，图像效果如图 5-30 所示。

图 5-29　设置参数　　　　　　　　图 5-30　图像效果 2

Step 04 修改"前景色"并新建图层,继续使用同样的方法创建椭圆,分别修改绘制的图层的不透明度,最终图像效果如图 5-31 所示。

图 5-31 最终图像效果

5.2.4 三角形工具

使用"三角形工具"可以绘制出三角形形状。单击工具箱中的"三角形工具"按钮,在画布中单击并拖动鼠标即可绘制三角形。也可在选项栏中进行设置,以绘制出理想的三角形图形。图 5-32 所示为"三角形工具"选项栏。

图 5-32 "三角形工具"选项栏

5.2.5 多边形工具

使用"多边形工具"可以绘制多边形和星形,在画布中单击并拖动鼠标即可按照预设的选项绘制多边形和星形。单击工具箱中的"多边形工具"按钮,其选项栏如图 5-33 所示。

图 5-33 "多边形工具"选项栏

"边"用来设置所绘制的多边形或星形的边数,它的范围为 3 ~ 100。图 5-34 所示为边数不同的绘图效果。"半径"用来设置所绘制的多边形或星形的半径,即图形中心到顶点的距离。在工具栏的"设置圆角的半径"文本框中设置圆角半径为 10 像素,效果如图 5-35 所示。

图 5-34 5 边形和 20 边形　　　　　　　　图 5-35 10 像素的圆角半径

单击"路径选项"按钮，打开"路径选项"面板，如图 5-36 所示。选择"星形比例"复选框，输入比例范围为 0 ～ 100%。图 5-37 所示为 10% 和 80% 的星形比例。选择"平滑星形缩进"复选框，可以使绘制的星形的边平滑地向中心缩进。

图 5-36 "路径选项"面板

图 5-37 10% 和 80% 的星形比例

5.2.6 直线工具

使用"直线工具"可以绘制粗细不同的直线和带有箭头的线段，在画布中单击并拖动鼠标即可绘制直线或线段。单击工具箱中的"直线工具"按钮，其选项栏如图 5-38 所示。

图 5-38 "直线工具"选项栏

单击选项栏中的"路径选项"按钮，打开"路径选项"面板，如图 5-39 所示。如果需要绘制带有箭头的线段，可以在"箭头"选项组中对相关选项进行设置，效果如图 5-40 所示。

图 5-39 "箭头"选项组

图 5-40 应用效果

提示

使用"直线工具"绘制直线时，如果按住 Shift 键的同时拖动鼠标，则可以绘制水平、垂直或以 45° 角为增量的直线。

5.2.7 自定形状工具

Photoshop 中提供了大量的自定义形状，包括树、小船、花卉等，使用"自定形状工具"在画布上拖动鼠标即可绘制该形状的图形。单击工具箱中的"自定形状工具"按钮，其选项栏如图 5-41 所示。

图 5-41　"自定形状工具"选项栏

单击选项栏中的"路径选项"按钮，打开"路径选项"面板，如图 5-42 所示，在该面板中可以设置自定形状工具的选项，其设置方法与"矩形工具"的设置方法基本相同。单击"形状"右侧的向下箭头按钮，打开"自定形状"拾色器，可以从该面板中选择更多其他形状，如图 5-43 所示。

提示

在使用各种形状工具绘制矩形、椭圆形、多边形、直线和自定义形状时，按住键盘上的空格键并拖动鼠标可以移动形状的位置。

单击工具箱中的"自定形状工具"按钮，在选项栏中打开"自定形状"拾色器，单击该面板右上角的菜单按钮，如图 5-44 所示。在打开的菜单中选择"导入形状"命令，如图 5-45 所示。

图 5-42　"路径选项"面板

图 5-43　"自定形状"拾色器

图 5-44　单击面板菜单按钮

在弹出的"载入"对话框中选择扩展名为 .csh 格式的形状库文件，如图 5-46 所示。单击"载入"按钮，即可将外部形状库添加到"自定形状"拾色器中，效果如图 5-47 所示。

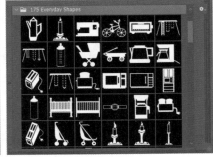

图 5-45　导入形状　　　图 5-46　"载入"对话框　　　　　　图 5-47　载入形状效果

5.3　路径的创建和编辑

Photoshop CC 2023 中创建路径的工具主要有钢笔工具、自由钢笔工具和弯度钢笔工具，编辑路径的工具主要包括添加锚点工具、删除锚点工具和转换点工具，如图 5-48 所

图 5-48　工具列表

示。将这些工具配合使用，可以创建出任意形状的路径，为照片添加多样化的图形效果。

5.3.1　钢笔工具

使用"钢笔工具"，通过单击并拖动鼠标可创建直线、曲线等形状，也可在选项栏中进行相应的设置来绘制图形。图 5-49 所示为"钢笔工具"选项栏。

路径选项

图 5-49　"钢笔工具"选项栏

单击"路径选项"按钮，将打开"路径选项"面板，如图 5-50 所示。用户可以在该面板中设置路径的"粗细"和"颜色"。选择"橡皮带"复选框，在绘制路径时移动光标会显示出一个路径状的虚拟线，它显示了该段路径的大致形状，如图 5-51 所示。

图 5-50　"路径选项"面板　　　　　图 5-51　橡皮带

5.3.2　应用案例——使用"钢笔工具"制作百花仙子

源文件：源文件 \ 第 5 章 \ 使用"钢笔工具"制作百花仙子
视频：视频 \ 第 5 章 \ 使用"钢笔工具"制作百花仙子

Step01 打开素材图像"源文件 \ 第 5 章 \ 素材 \03.jpg 和 04.jpg"，如图 5-52 所示。

图 5-52　打开素材图像

Step02 单击"钢笔工具"按钮，在鲜花图像中绘制路径，如图 5-53 所示，按 Ctrl+Enter 组合键将路径转为选区，将选区内容拖入人物图像中，并调整其位置和大小，如图 5-54 所示。

Step03 使用相同的方法分别在花朵文件中创建花朵的选区，将选区中的图像拖入人物图像中多次复制，如图 5-55 所示。使用"钢笔工具"在人物唇部绘制路径，将其转为选区，对其进行调色，最终效果如图 5-56 所示。

图 5-53　创建路径

图 5-54　拖入图像

图 5-55　复制多个花朵后的图像效果

图 5-56　最终效果

5.3.3　自由钢笔工具

"自由钢笔工具"用来绘制比较随意的图形,其使用方法与"套索工具"非常相似。在画布中单击并拖动鼠标即可绘制路径,路径的形状为光标运行的轨迹,如图 5-57 所示。Photoshop 会自动为路径添加锚点,如图 5-58 所示。

图 5-57　使用"自由钢笔工具"绘制路径

图 5-58　自动添加的锚点

单击工具箱中的"自由钢笔工具"按钮,其选项栏如图 5-59 所示。该工具的大多数选项都与"钢笔工具"选项栏的设置方法和作用相同。

图 5-59　"自由钢笔工具"选项栏

单击"路径选项"按钮,打开"路径选项"面板,在该面板中可以设置"自由钢笔工具"的相关选项,如图 5-60 所示。

在选项栏中选择"磁性的"复选框,可以将"自由钢笔工具"转换为"磁性钢笔工具"。"磁性钢笔工具"与"磁性套索工具"的使用方法非常相似,只需在图像边缘单击,沿边缘拖曳即可创建路径,如图 5-61 所示。

> **提示**
>
> "磁性钢笔工具"与"磁性套索工具"的不同之处在于,"磁性钢笔工具"创建的不是选区而是路径或形状图层。在绘制路径的过程中,可以按 Delete 键删除锚点,双击鼠标可以闭合路径。

图 5-60　"路径选项"面板　　　　图 5-61　使用"磁性钢笔工具"创建路径

5.3.4　弯度钢笔工具

"弯度钢笔工具"可以轻松地绘制平滑曲线和直线段。使用此工具，用户可以在设计中创建自定义形状，或定义精确的路径，优化图像。在执行该操作时，无须切换工具就能创建、切换、编辑、添加或删除平滑点或角点。

单击工具箱中的"弯度钢笔工具"按钮，其选项栏如图 5-62 所示。

图 5-62　"弯度钢笔工具"选项栏

路径的第一段最初始终显示为画布上的一条直线，如图 5-63 所示。依据接下来绘制的是曲线段还是直线段，Photoshop 稍后会对它进行相应的调整。如果绘制的下一段是曲线段，Photoshop 将使第一段曲线与下一段平滑地关联，如图 5-64 所示。

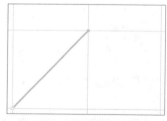
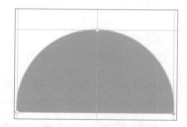

图 5-63　绘制直线路径　　　　　　图 5-64　关联曲线路径

在放置锚点时，双击鼠标左键，路径的下一段将变弯曲，如图 5-65 所示。单击鼠标左键，接下来绘制的将是直线段，如图 5-66 所示。也就是说，Photoshop 会根据鼠标的点击数量创建平滑点或角点。在锚点上双击，可以完成平滑锚点与角点间的转换操作，如图 5-67 所示。

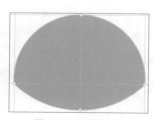

图 5-65　弯曲路径　　　　　　图 5-66　直线段　　　　　　图 5-67　平滑转换

5.3.5　添加/删除锚点工具

使用添加锚点工具/删除锚点工具可以在绘制的路径上添加或删除锚点，从而达到精确调整路径形状的目的。打开一幅图像，在画布中绘制路径，单击"直接选择工具"按钮 ，选择图像上的路径，效果如图 5-68 所示。在 Photoshop 中可以通过"添加锚点工具" 和"删除锚点工具" 在路径上添加和删除锚点，如图 5-69 所示，从而达到调整路径形状的效果。

图 5-68　选择路径

图 5-69　添加/删除锚点工具

单击"添加锚点工具"按钮 ，移动鼠标指针至路径上单击即可添加锚点，效果如图 5-70 所示。单击"删除锚点工具"按钮 ，移动鼠标指针至需要删除的锚点上单击即可删除锚点，效果如图 5-71 所示。

图 5-70　添加并调整锚点

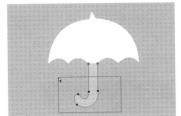

图 5-71　删除锚点

5.3.6　转换点工具

锚点共有两种类型：角点和平滑点，这两种锚点所连接的分别是直线和曲线。使用"转换点工具"可以对路径上的锚点进行调整，从而快速改变路径的外形。

新建一个文档，并在文档中绘制路径，如图 5-72 所示。单击工具箱中的"转换点工具"按钮 ，选中路径，可以看到路径中的锚点多数是平滑锚点，如图 5-73 所示。将鼠标移动到平滑锚点上并单击，即可将其转换为角点，如图 5-74 所示。

图 5-72　绘制路径

图 5-73　选中路径

图 5-74　转换为锚点

5.3.7　路径的填充和描边

为了使绘制出的路径更具艺术性，用户可以使用"路径"面板中的相关按钮对路径进行相关操作。图 5-75 所示为"路径"面板。

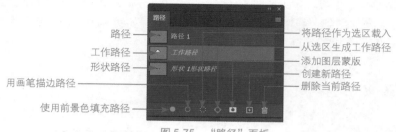

路径 ——　路径 1　—— 将路径作为选区载入
工作路径 ——　工作路径　—— 从选区生成工作路径
形状路径 ——　形状 1 形状路径　—— 添加图层蒙版
用画笔描边路径 ——　　—— 创建新路径
　　　　　　　　　　　—— 删除当前路径
使用前景色填充路径 ——

图 5-75　"路径"面板

- 路径：单击"路径"面板中的"创建新路径"按钮可直接创建新路径，双击新建的路径，可以更改路径名称。路径名称默认情况下会命名为"路径 1""路径 2"……依次递增。
- 工作路径：如果不是单击"创建新路径"按钮，而是直接在画布中进行绘制，创建的路径就是工作路径。
- 形状路径：在选项栏中设置工具模式为"形状"并绘制图形，在"路径"面板中都会自动生成一个形状路径。

单击"使用前景色填充路径"按钮██，可使用当前设置的"前景色"填充路径，如图 5-76 所示。单击"用画笔描边路径"按钮██，可以按设置的"画笔工具"和"前景色"沿着路径描边，如图 5-77 所示。

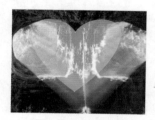

图 5-76　填充路径

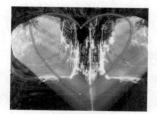

图 5-77　描边路径

提示

使用"钢笔工具"绘制路径后右击，在弹出的快捷菜单中选择"填充路径"命令，可以设置不同的颜色填充路径；选择"描边路径"命令，可以快速使用不同的工具描边路径。

5.4　图形的颜色设置与填充

在 Photoshop CC 2023 中有两种方法可以对颜色进行设置：工具箱和面板，而填充的方法也分为两种，一是使用填充命令，二是使用填充工具。其中，填充工具又分为"渐变工具"和"油漆桶工具"两种，如图 5-78 所示。接下来将对图形的颜色设置与填充方法进行具体讲解。

图 5-78　填充工具组

5.4.1 设置前景色和背景色

设置"背景色"和"前景色"操作很简单，用户只需在工具箱底部单击"前景色"与"背景色"控件，并在弹出的"拾色器"对话框中选择相应的颜色即可。此外，还可以在"色板"或"颜色"面板中选取颜色。

1. 在工具箱中进行设置

在 Photoshop CC 2023 中，默认的"前景色"与"背景色"分别为黑色和白色，如果想更换颜色，可在工具箱中单击相应的颜色控件，在弹出的"拾色器"对话框中拾取相应的颜色。设置完成后，单击"确定"按钮即可确认设置，如图 5-79 所示。

设置之前   设置之后

图 5-79 设置"前景色"与"背景色"

2. 在"色板"和"颜色"面板中进行设置

除了可以在工具箱中对"前景色"和"背景色"进行设置，还可以在"色板"面板和"颜色"面板中对其进行设置。

"色板"面板中列举了许多 Photoshop 预设的常用颜色，如图 5-80 所示，用户只需单击其中的任意色块，即可将其设置为"前景色"。

在"颜色"面板中，用户可以拖动 R、G、B 滑块对前景色和背景色进行设置，也可以在文本框中输入相应的数值进行设置，如图 5-81 所示。

图 5-80 "色板"面板

图 5-81 "颜色"面板

5.4.2 油漆桶工具

"油漆桶工具"可以在图像中填充颜色和图案，但该工具只用于特定颜色和与其相近的颜色区域，常用于填充颜色比较简单的图像。单击工具箱中的"油漆桶工具"按钮，在选项栏中会出现相应的选项，如图 5-82 所示。

填充内容

图 5-82　"油漆桶工具"选项栏

　　单击"填充内容"按钮，可以在打开的下拉列表框中选择填充内容，包括"前景"和"图案"两个选项。

　　选择"前景"选项，在填充时会以设置的前景色进行填充。选择"图案"选项，在填充时会以选择的图案进行填充。单击"图案拾色器"按钮，在打开的面板中可以选择图案，填充后的效果如图 5-83 所示。

图 5-83　图案填充对比效果

5.4.3　渐变工具

　　使用"渐变工具"能够为图像添加多种颜色逐渐混合的效果，这种混合可以是从前景色到背景色的过渡，也可以是前景色与透明背景的相互过渡，或者其他颜色的相互过渡。单击工具箱中的"渐变工具"按钮，在选项栏中会出现相应的选项，如图 5-84 所示。

渐变编辑器　　渐变类型

图 5-84　"渐变工具"选项栏

　　在选项栏的"渐变预览条"上单击，弹出"渐变编辑器"对话框，如图 5-85 所示。

起点不透明度　　　　　　　　　　　　　　　　　　　　终点不透明度
起点色标　　　　　　　　　　　　　　　　　　　　　　终点色标

图 5-85　"渐变编辑器"对话框

提示

　　在渐变颜色条上选择一个渐变色，然后在渐变颜色条下方单击，可以使新增的颜色色标与当前所选渐变色标的颜色相同。要删除新增的渐变色标，先选中渐变色标，单击"位置"文本框右侧的"删除"按钮，或者将渐变色标拖出渐变颜色条之外均可。

5.5　本章小结

　　通过本章中绘图工具和编辑形状工具的学习，用户可以使用画笔工具、铅笔工具、颜色替换工具和混合器画笔工具绘制出各种形状的图形，并在"画笔"面板中进行相应的设置，为照片添加各种华丽梦幻的效果。此外，还可以使用形状工具和路径编辑工具绘制形状并进行编辑操作，为照片添加自由随意的花纹和装饰效果。

第6章
选区与抠像技术

在 Photoshop 中，选区是一个非常重要的概念。例如，想要把照片中的某一部分换一个颜色，再把另一部分变成其他色调……这就涉及一个局部调整的问题，而这就是选区的意义。从本质上说，蒙版和通道也是选区的一种形式，只不过呈现的方式不是直观的蚂蚁线而已。本章将讲解如何在 Photoshop 中创建不同的选区，以及调整和修改选区的操作方法。

本章知识点

（1）掌握创建规则选区的方法。
（2）掌握创建不规则选区的方法。
（3）掌握创建选区的命令。
（4）掌握对选区进行修改和调整的方法。

6.1 创建规则的选区

图 6-1 规则选区创建工具

Photoshop CC 2023 的工具箱中用于创建规则选区的工具有矩形选框工具、椭圆选框工具、单行选框工具和单列选框工具，如图 6-1 所示。接下来分别对它们进行介绍。

6.1.1 矩形选框工具

"矩形选框工具"可以在文档中创建规则的矩形或正方形选区。单击工具箱中的"矩形选框工具"按钮，界面上方的选项栏会显示与该工具相关的选项，如图 6-2 所示。

选区运算按钮　　　　　　　　　　　　　　　　　　　宽度与高度互换

图 6-2 "矩形选框工具"选项栏

选区运算按钮用于设置选区运算方式，包括"新选区" ■、"添加到选区" ■、"从选区减去" ■和"与选区相交" ■ 4 种，分别用来控制选区的相加或者相减，或者将两个选区的交叉部分变为选区，如图 6-3 所示。

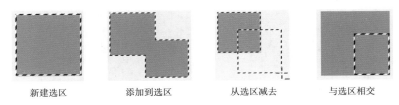

| 新建选区 | 添加到选区 | 从选区减去 | 与选区相交 |

图 6-3 选区运算

6.1.2 椭圆选框工具

"椭圆选框工具"与"矩形选框工具"的使用方法基本相同，唯一的区别在于该工具选项栏中的"消除锯齿"复选框为可选状态，如图 6-4 所示。

图 6-4 "椭圆选框工具"选项栏

像素是位图图像最小的元素，并且为正方形，在创建圆形、多边形等形状的选区时容易产生锯齿。选择"消除锯齿"复选框后，Photoshop 会在选区边缘 1 像素范围内添加与图像相近的颜色，使选区看上去更光滑。由于只有边缘像素发生变化，因此不会丢失细节，消除锯齿前后的对比效果如图 6-5 所示。

图 6-5 消除锯齿前与消除锯齿后的对比效果

6.1.3 应用案例——制作初秋的露珠

源文件：源文件 \ 第 6 章 \ 制作初秋的露珠
视频：视频 \ 第 6 章 \ 制作初秋的露珠

Step01 执行"文件→打开"命令，打开素材图像"源文件 \ 第 6 章 \ 素材 \01.jpg"，如图 6-6 所示。使用"椭圆选框工具"沿着露珠创建选区，如图 6-7 所示。

图 6-6 打开素材图像

图 6-7 创建选区

Step02 执行"选择→变换选区"命令，对选区进行变换，如图 6-8 所示。使用"磁性套索工具"，以"添加到选区"模式创建选区，效果如图 6-9 所示。

Step03 按 Enter 键确认选区变换，再按 Ctrl+J 组合键复制选区中的内容，将其向下移动，如图 6-10 所示。为该图层添加图层蒙版，使用黑色柔边笔刷融合露珠与叶子，如图 6-11 所示。

图 6-8 变换选区

图 6-9 添加到选区

图 6-10 复制并移动图像

图 6-11 处理蒙版

6.1.4 单行选框工具和单列选框工具

"单行/列选框工具"主要用于在文档中创建宽度或长度为 1 像素的矩形选区。单击工具箱中的"单行选框工具"按钮或"单列选框工具"按钮，界面上方的选项栏会显示与该工具相关的选项，如图 6-12 所示。"单行/列选框工具"选项栏与"椭圆选框工具"选项栏完全相同。

图 6-12 "单行选框工具"选项栏

6.2 创建不规则的选区

不规则形状选区可以通过 6 种工具创建，分别为"套索工具" ⟋、"多边形套索工具" ⟍、"磁性套索工具" ⟋、"魔棒工具" ⟋、"快速选择工具" ⟋ 和"对象选择工具" ⟋。这 6 种工具按类型放置在两个工具组内，3 种套索工具位于一个工具组内，另外 3 种工具位于另一个工具组内，如图 6-13 和图 6-14 所示。

图 6-13 套索工具组

图 6-14 魔棒工具组

6.2.1　套索工具

"套索工具"比创建规则形状选区的工具自由度更高，使用它可以创建任何形状的选区。

执行"文件→打开"命令，打开一张素材图像。单击工具箱中的"套索工具"按钮，在画布中单击并拖曳鼠标指针，如图 6-15 所示。释放鼠标即可完成选区的创建，如图 6-16 所示。

图 6-15　拖曳鼠标　　　　　　　　　　　　图 6-16　创建选区

提示

在使用"套索工具"绘制选区时，如果在释放鼠标时起点与终点没有重合，系统会在起点与终点之间自动创建一条直线，使选区闭合。

6.2.2　多边形套索工具

"多边形套索工具"适合创建一些由直线构成的多边形选区。

执行"文件→打开"命令，打开一张素材图像。单击工具箱中的"多边形套索工具"按钮，在画布中不同的点多次单击创建折线，如图 6-17 所示。在画布中的其他位置继续单击，最后将鼠标移至起点位置单击，完成选区的创建，如图 6-18 所示。

图 6-17　多次单击创建折线　　　　　　　　图 6-18　创建选区

使用"多边形套索工具"创建选区，可以通过在起点位置单击完成选区的创建，也可以在创建选区的过程中双击，在双击点与起点间将会自动生成一条直线，将选区闭合。

提示

在使用"多边形套索工具"创建选区时，按住 Shift 键可以绘制以水平、垂直或 45°角为增量的选区边线；按住 Ctrl 键的同时单击相当于双击；按住 Alt 键的同时单击并拖曳鼠标可切换为"套索工具"。

6.2.3 磁性套索工具

单击工具箱中的"磁性套索工具"按钮，在画布中单击并拖动鼠标沿图像边缘移动，Photoshop 会在光标经过处放置锚点来连接选区，如图 6-19 所示。将光标移至起点处，单击即可闭合选区，如图 6-20 所示。

图 6-19　单击并拖动鼠标

图 6-20　创建选区

> **提示**
>
> 在使用"磁性套索工具"创建选区时，为了使选区更加精确，可以在绘制选区的过程中单击添加锚点，也可以按 Delete 键将多余的锚点依次删除。

"磁性套索工具"具有自动识别绘制对象边缘的功能。如果对象的边缘较为清晰，并且与背景颜色对比明显，使用该工具可以轻松选择对象的边缘。"磁性套索工具"选项栏如图 6-21 所示。

使用绘图板压力以更改钢笔宽度

羽化：0 像素　☑ 消除锯齿　宽度：10 像素　对比度：10%　频率：57　　　选择并遮住...

图 6-21　"磁性套索工具"选项栏

> **提示**
>
> "磁性套索工具"常被用来抠图或者创建较为精确的选区以调整图像，如果一张图像中主体边缘较为清晰，使用"磁性套索工具"创建选区通常会比较容易。

6.2.4 应用案例——使用"磁性套索工具"抠出飞鸟

源文件：源文件 \ 第 6 章 \ 使用"磁性套索工具"抠出飞鸟
视频：视频 \ 第 6 章 \ 使用"磁性套索工具"抠出飞鸟

Step01 执行"文件→打开"命令，打开素材图像"源文件 \ 第 6 章 \ 素材 \ 02.jpg"，如图 6-22 所示。使用"磁性套索工具"，在选项栏中适当设置参数，沿着飞鸟跟踪边缘，如图 6-23 所示。

图 6-22 打开素材图像

图 6-23 跟踪边缘

Step02 继续跟踪边缘，创建出完整的选区，如图 6-24 所示。打开素材图像"源文件 \ 第 6 章 \ 素材 \03.jpg"，将抠出的飞鸟拖入该文档中，并适当调整大小和位置，如图 6-25 所示。

图 6-24 抠出飞鸟

图 6-25 变化图像

提示

飞鸟的尾巴和翅膀等部分的边缘比较复杂，很难一次创建出精确的选区。可以先创建大致的选区，然后多次使用添加和减去模式对选区进行逐步完善，直至得到满意效果。

Step03 执行"图像→调整→亮度/对比度"命令，弹出"亮度/对比度"对话框，设置参数如图 6-26 所示。最终图像效果如图 6-27 所示。

图 6-26 "亮度/对比度"对话框

图 6-27 最终图像效果

6.2.5 对象选择工具

单击工具箱中的"对象选择工具"按钮，在画布中想要选中的对象位置处单击并拖动，创建矩形选区，如图 6-28 所示，即可快速将对象选中，如图 6-29 所示。

图 6-28　创建矩形选区　　　　　　　图 6-29　选中对象

"对象选择工具"可简化在图像中选择单个对象或对象的某个部分的过程，只需在对象周围绘制矩形区域或套索，对象选择工具就会自动选择已定义区域内的对象。这对于轮廓清晰的对象表现非常优秀。"对象选择工具"选项栏如图 6-30 所示。

图 6-30　"对象选择工具"选项栏

提示

在选择画面主体时，如果先使用选择主体命令，再辅助使用对象选择工具，则可以快速完善选区，大大提高选择效率。

6.2.6　魔棒工具

"魔棒工具"可以用来选取图像中色彩相近的区域，选择"魔棒工具"后，在选项栏中会显示出该工具的相关选项，如图 6-31 所示。

图 6-31　"魔棒工具"选项栏

"容差"复选框用于确定所选像素的色彩取值范围，数值为 0 ～ 255。设置的参数值较低，会选择与单击点像素非常相似的少数几种颜色；设置的参数值较高，则会选择范围更广的颜色，如图 6-32 所示。

容差为 10　　　　　　　　　　容差为 50

图 6-32　容差设置

选择"连续"复选框，则仅选择与单击点相邻的相近颜色区域。若取消选择"连续"复选框，则会选择整个图像中的颜色相近区域，如图 6-33 所示。

连续选区　　　　　　　　　　　　　不连续选区

图 6-33　连续选区与不连续选区

6.2.7　快速选择工具

"快速选择工具"能够利用可调整的圆形画笔快速创建选区，在拖动鼠标时，选区会向外扩展并自动查找和跟随图像中定义的边缘。"快速选择工具"选项栏如图 6-34 所示。

选区运算按钮

图 6-34　"快速选择工具"选项栏

选区运算按钮包括"新选区"按钮、"添加到选区"按钮和"从选区减去"按钮。单击"新选区"按钮 ，可创建一个新的选区；单击"添加到选区"按钮 ，可在原有选区的基础上添加选区；单击"从选区减去"按钮 ，可在原有选区的基础上减去当前创建的选区。

6.2.8　应用案例——使用"快速选择工具"制作创意跳水场景

源文件：源文件 \ 第 6 章 \ 使用"快速选择工具"制作创意跳水场景
视频：视频 \ 第 6 章 \ 使用"快速选择工具"制作创意跳水场景

Step01 执行"文件→打开"命令，打开素材图像"源文件 \ 第 6 章 \ 素材 \04.jpg"，如图 6-35 所示。使用"快速选择工具"，在选项栏中适当设置参数，沿着人物拖动创建选区，如图 6-36 所示。

图 6-35　打开素材图像　　　　　　　　图 6-36　创建选区

提示

在使用"快速选择工具"创建选区的过程中，可以不断按 [键减小画笔尺寸，或者按] 键增大画笔尺寸，以创建出更精确的选区。

Step02 设置选区运算方式为"从选区减去"，将人物以外的部分从选区中减去，如图 6-37 所示。继续沿着人物缓慢地拖动鼠标使选区扩展，直至完整地包裹人物，如图 6-38 所示。

图 6-37　调整选区范围　　　　　　　　　　　　　图 6-38　扩展选区

Step03 打开素材图像"源文件 \ 第 6 章 \ 素材 \05.jpg"，将抠出的人物拖入该文档中，适当调整位置和大小，如图 6-39 所示。执行"图像→调整→色彩平衡"命令，弹出"色彩平衡"对话框，设置参数如图 6-40 所示。

 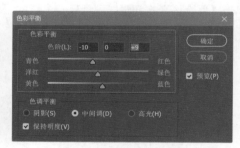

图 6-39　拖入图像　　　　　　　　　　　　　　　图 6-40　"色彩平衡"对话框

Step04 最终图像效果如图 6-41 所示。

6.2.9　使用"钢笔工具"创建高精度选区

图 6-41　最终图像效果

Photoshop 中提供了多种钢笔工具用于绘制路径，其中标准的钢笔工具可用于绘制高精度的形状和路径，将绘制的路径转为选区后即可得到高精度的选区。

单击工具箱中的"钢笔工具"按钮，选项栏中将显示与该工具相关的选项，如图 6-42 所示。用户可以根据需求对相应的选项进行设置，以绘制出更符合要求的路径。

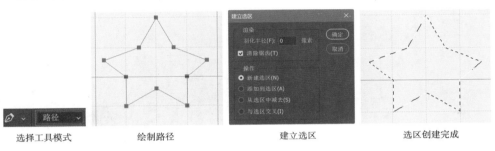

图 6-42　"钢笔工具"选项栏

1. 使用"钢笔工具"创建选区

选择"钢笔工具"，在选项栏中设置"工具模式"为"路径"，在画布中绘制路径。绘制完路径后右击，在弹出的快捷菜单中选择"建立选区"命令，弹出"建立选区"对话框，适当设置参数值。单击"确定"按钮，即可将路径转为选区。图 6-43 所示为使用"钢笔工具"创建选区的操作步骤。

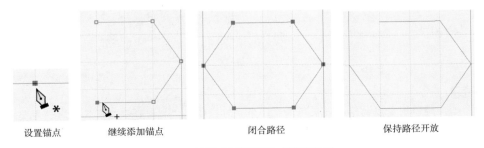

选择工具模式　　　　　绘制路径　　　　　　　　建立选区　　　　　　选区创建完成

图 6-43　使用"钢笔工具"创建选区

提示

用户也可以单击选项栏中的"选区"按钮，或者单击"路径"面板下方的"将路径作为选区载入"按钮，或者按 Ctrl+Enter 组合键，将路径快速转为选区。

2. 使用"钢笔工具"绘制直线段

使用"钢笔工具"在画布中单击，定义第一个锚点（不要拖动），继续在不同的位置单击添加新的锚点，两个锚点之间会形成直线路径。若要闭合路径，将"钢笔工具"定位在第一个锚点上。如果放置的位置正确，鼠标指针将呈现为 ♦ 状单击或拖动可闭合路径。若要保持路径开放，按住 Ctrl 键并单击窗口中的空白区域即可。图 6-44 所示为使用"钢笔工具"创建直线段的操作步骤。

设置锚点　　　　　继续添加锚点　　　　　　闭合路径　　　　　　　保持路径开放

图 6-44　使用"钢笔工具"创建直线段

> **提示**
>
> 绘制路径时可在选项栏中选择"橡皮带"复选框以预览路径段。添加锚点时按住 **Shift** 键可将路径角度限制为 **45°** 的倍数。

3. 使用"钢笔工具"创建曲线

将"钢笔工具"定位到曲线的起点，并按住鼠标不放，此时会出现第一个锚点，同时鼠标指针变为一个箭头，拖动以设置要创建的曲线段的斜度，然后松开鼠标。继续在其他位置单击添加其他锚点，并拖动方向线调整曲线的形状。若要闭合路径，将"钢笔工具"定位在第一个锚点上（如果放置的位置正确，鼠标指针将呈现为 状）单击或拖动可闭合路径。若要保持路径开放，按住 **Ctrl** 键并单击窗口中的空白区域即可。图 6-45 所示为使用"钢笔工具"创建曲线的操作步骤。

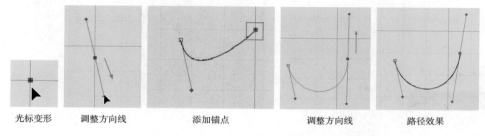

光标变形　　　调整方向线　　　　添加锚点　　　　调整方向线　　　　路径效果

图 6-45　使用"钢笔工具"创建曲线

4. 绘制由角点连接的曲线段

使用"钢笔工具"绘制一条曲线，按住 **Alt** 键并单击锚点，将其从平滑点转换为角点，并将方向线向相反的一端拖动，以设置下一条曲线的斜度。继续添加其他锚点，并拖动方向线调整曲线形状。图 6-46 所示为使用"钢笔工具"绘制由角点连接曲线段的操作步骤。

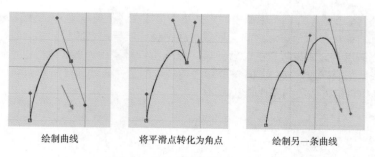

绘制曲线　　　　将平滑点转化为角点　　　　绘制另一条曲线

图 6-46　绘制由角点连接的曲线段

> **提示**
>
> 如果对绘制完成的路径效果不满意，用户可以使用"直接选择工具"单独选中某个锚点，并分别调整它们的方向线，以调整路径的形状，也可以使用"转换点工具"将平滑点和角点相互转换。

5. 使用内容感知描摹工具

执行"编辑→首选项→技术预览"命令，在弹出的"首选项"对话框中选择"启用内容感知描摹工具"复选框，如图 6-47 所示。单击"确定"按钮，重启 Photoshop 后，即可在钢笔工具组中看到"内容感知描摹工具"，如图 6-48 所示。

图 6-47 选择"启用内容感知描摹工具"复选框　　图 6-48 钢笔工具组

打开需要描摹的图像，将光标移动到需要描摹的位置，如图 6-49 所示。单击即可创建形状路径路径，效果如图 6-50 所示。使用相同的方法可快速描摹图形，修改"填充"颜色效果如图 6-51 所示。

图 6-49 移动光标位置　　图 6-50 描摹创建形状路径　　图 6-51 描摹并填充图形效果

6.2.10 应用案例——使用"钢笔工具"精确抠出人物

源文件：源文件\第 6 章\使用"钢笔工具"精确抠出人物

视频：视频\第 6 章\使用"钢笔工具"精确抠出人物

Step01 执行"文件→打开"命令，打开素材图像"源文件\第 6 章\素材\06.jpg"，如图 6-52 所示。使用"钢笔工具"，设置"工具模式"为"路径"，沿着人物创建路径，如图 6-53 所示。

图 6-52 打开素材图像　　图 6-53 创建路径

Step02 按 Ctrl+Enter 组合键将路径转换为选区，并按 Ctrl+J 组合键复制选区内的图像，如图 6-54 所示。使用"钢笔工具"，设置"工具模式"为"形状"，在"背景"图层上方创建形状，并设置渐变填充色，如图 6-55 所示。

图 6-54　复制选区内的图像　　　　　　　　　　图 6-55　创建形状

提示

用户也可以在绘制完路径后单击选项栏中的"蒙版"按钮，将路径转换为矢量蒙版，或者将路径转换为选区后为图层添加图层蒙版。这两种方法可以保证素材的完整性，并且可以随时调整显示区域。

Step03 使用相同的方法，完成其他形状的绘制，如图 6-56 所示。选中"形状 3"图层，在"属性"面板中设置"羽化"为 2 像素，使该形状虚化，效果如图 6-57 所示。

图 6-56　完成其他形状的绘制　　　　　　　　　图 6-57　羽化效果

Step04 选择"图层 1"图层，按 Ctrl+J 组合键将其复制，执行"图像→自动色调"命令，效果如图 6-58 所示。单击"图层"面板下方的"创建新的填充或调整图层"按钮，在打开的下拉列表框中选择"色彩平衡"选项，打开"属性"面板，设置参数如图 6-59 所示。

图 6-58　自动调色效果　　　　　　　　　图 6-59　设置"色彩平衡"参数

Step05 新建"亮度/对比度"调整图层和"色相/饱和度"调整图层，调整人物色调，设置参数分别如图 6-60 和图 6-61 所示。设置完成后得到最终的图像效果，如图 6-62 所示。

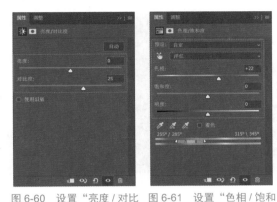

图 6-60　设置"亮度/对比　　图 6-61　设置"色相/饱和　　　图 6-62　最终图像效果
　　　　　度"参数　　　　　　　　度"参数

6.3　创建选区的命令

Photoshop 不仅在工具箱中设置了大量常用的选区创建工具，还在菜单中放置了一些用于创建复杂选区的命令，如全部、色彩范围、选取相似和扩大选取等。接下来将会对这些命令的使用方法进行详细介绍。

6.3.1　全部、主体和天空替换

执行"选择→全部"命令，或按 Ctrl+A 组合键，即可将当前图像中的全部像素选中。执行"选择→主体"命令，即可将当前图像中的主体像素选中，如图 6-63 所示。执行"选择→天空"命令，即可将图像中的天空像素选中，如图 6-64 所示。

图 6-63　选择主体　　　　　　　　　　　图 6-64　选择天空

执行"编辑→天空替换"命令，弹出"天空替换"对话框，在"天空"下拉列表框中选择一种天空，如图 6-65 所示。单击"确定"按钮，即可完成图像天空的替换，效果如图 6-66 所示。

图 6-65　"天空替换"对话框　　　　　　　图 6-66　天空替换效果

6.3.2　色彩范围和焦点区域

使用"色彩范围"命令可以选择现有选区或整个图像内指定的颜色或色彩范围。如果想替换选区，在应用此命令前确保已取消选择所有内容。该命令不可用于 32 位/通道的图像。

打开一张素材图像，如图 6-67 所示，执行"选择→色彩范围"命令，弹出"色彩范围"对话框，如图 6-68 所示，用户可以调整相关的参数值，以得到更符合需求的色彩范围。

图 6-67　打开素材图像　　　　　　图 6-68　"色彩范围"对话框

若要直接在图像中预览选区，可在"选区预览"下拉列表框中选取预览方式，如图 6-69 所示。

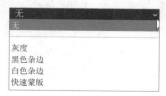

图 6-69　"选区预览"下拉列表框

不同的预览方式的具体效果如图 6-70 所示。

灰度　　　　　　　　黑色杂边　　　　　　　　白色杂边　　　　　　　快速蒙版

图 6-70　不同的选区预览方式

使用 工具单击图像，可将单击点的颜色定义为要选取的颜色范围；使用 工具单击图像，可将单击点的颜色添加到当前色彩范围中；使用 工具单击图像，可将单击点的颜色从当前色彩范围中减去。

执行"选择→焦点区域"命令，弹出"焦点区域"对话框，如图 6-71 所示。设置对话框中的参数，单击"确定"按钮，即可将图像中的焦点区域选中，如图 6-72 所示。

图 6-71　"焦点区域"对话框　　　　　　图 6-72　选中焦点区域效果

6.3.3　选取相似和扩大选取

一般使用"魔棒工具"选取一些较细碎的像素（如树枝）时，当设定一个选取范围并选取一些像素后，可能某些需要的像素仍未选中，此时可以执行"选择→选取相似"命令，即可将颜色相近的其余像素添加到选区中。该命令的执行效果受"魔棒工具"的"容差"值影响，"容差"值越大，执行"选取相似"命令后能选择的像素越多。

执行"选择→扩大选取"命令，将以现有选区范围作为取样点，按照"魔棒工具"设置的"容差"值，将更多的相似像素包含到选区中。

提示

执行"选取相似"命令后，通常都会出现新的选区块，而执行"扩大选取"命令后不会增加选区块的数量，只是将每个选区块周围的相似颜色包含到选区中。

6.3.4 应用案例——使用"选取相似"命令抠出细碎的树枝

源文件：源文件\第 6 章\使用"选取相似"命令抠出细碎的树枝
视频：视频\第 6 章\使用"选取相似"命令抠出细碎的树枝

Step 01 打开素材图像"源文件\第 6 章\素材\07.jpg"，如图 6-73 所示。按 Ctrl+J 组合键复制"背景"图层，设置该图层的"混合模式"为"叠加"，增强图像的黑白对比效果，如图 6-74 所示。

图 6-73　打开素材图像　　　　　　　　图 6-74　复制图像

Step 02 按 Ctrl+Shift+Alt+E 组合键盖印可见图层，"图层"面板如图 6-75 所示。使用"减淡工具"，适当设置参数值，对树枝的上半部分进行减淡，如图 6-76 所示。

图 6-75　"图层"面板　　　　　　　　图 6-76　减淡图像

Step 03 使用"魔棒工具"单击树干部分，创建的选区效果如图 6-77 所示。执行"选择→选取相似"命令，将未选中的细碎树枝添加到选区中，如图 6-78 所示。

图 6-77　创建选区　　　　　　　　图 6-78　选取相似

Step04 按 Ctrl+J 组合键复制选区内图像，隐藏背景，得到如图 6-79 所示的效果。使用"橡皮擦工具"仔细擦除树枝以外的部分，将树枝完整地抠出，如图 6-80 所示。

图 6-79　复制图像　　　　　　　　　　　图 6-80　抠出树枝

Step05 打开素材图像"源文件 \ 第 6 章 \ 素材 \08.jpg"，将抠出的树枝拖入该文档中，适当调整位置和大小，效果如图 6-81 所示。执行"图像→调整→色相/饱和度"命令，弹出"色相/饱和度"对话框，设置参数如图 6-82 所示。

图 6-81　图像效果 1　　　　　　　　　　图 6-82　"色相/饱和度"对话框

Step06 按 Ctrl+J 组合键复制该图层，执行"编辑→变换→垂直翻转"命令，调整图像到合适的位置，效果如图 6-83 所示。执行"滤镜→模糊→动感模糊"命令，弹出"动感模糊"对话框，设置参数如图 6-84 所示。

图 6-83　图像效果 2　　　　　　　　　　图 6-84　"动感模糊"对话框

Step07 设置完成后单击"确定"按钮，设置该图层的"混合模式"为"正片叠底"，最终图像效果如图 6-85 所示，"图层"面板如图 6-86 所示。

图 6-85　最终图像效果

图 6-86　"图层"面板

6.4　对选区进行修改和调整

在 Photoshop 中，如果对创建的选区效果不满意，还可以对选区进行各种修改和调整，如变换选区、扩展/收缩选区、平滑选区、羽化选区、存储/载入选区，或者对路径和选区进行转换等操作。此外，"调整边缘"命令可以和"快速选择工具"配合抠出复杂的物体。

6.4.1　移动选区

使用任意选区创建工具或命令创建选区，选择工具箱中的任意一种选区创建工具，设置选区运算方式为"新选区"■，将光标置于选区中，然后将选区从原始位置拖动到新的位置，完成选区的移动操作。图 6-87 所示为移动选区的操作步骤。

创建选区

将光标置于选区中

移动选区

图 6-87　移动选区

提示

如果设置选区运算方式为添加、减去或相交，那么在选区上拖动鼠标会创建新选区，而非移动选区。另外，不要在移动之前按住 Shift 键企图水平或垂直移动选区，而是要在移动选区之后鼠标松开前按 Shift 键。

6.4.2　变换选区

使用任意选区创建工具或命令创建选区，执行"选择→变换选区"命令，或者选择任意选区创建工具，右击，在弹出的快捷菜单中选择"变换选区"命令，选区周围将显示变换框。出现显示变换框后右击，在弹出的快捷菜单中选择"扭曲"命令，选中图像中的任意显示点进行变换选区操作。图 6-88 所示为变换选区的操作步骤。

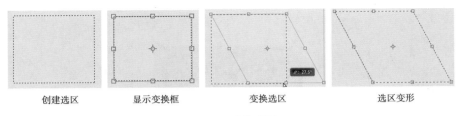

| 创建选区 | 显示变换框 | 变换选区 | 选区变形 |

图 6-88 变换选区

6.4.3 修改选区

在文档中创建选区后，可以执行"选择→修改→边界/平滑/扩展/收缩/羽化"命令，对选区进行修改，以得到更符合需求的选区效果，如图 6-89 所示。

图 6-89 "修改"子菜单

1. 边界选区

使用任意选区创建工具和命令创建选区，执行"选择→修改→边界"命令，弹出"边界选区"对话框，设置边界的"宽度"参数，单击"确定"按钮，得到选区边界效果。图 6-90 所示为边界选区的操作步骤。

| 创建选区 | "边界选区"对话框 | 选区边界效果 |

图 6-90 边界选区

2. 平滑选区

使用任意选区创建工具和命令创建选区，执行"选择→修改→平滑"命令，弹出"平滑选区"对话框，设置"取样半径"参数，单击"确定"按钮，得到选区平滑效果。图 6-91 所示为平滑选区的操作步骤。

3. 扩展/收缩选区

使用任意选区创建工具和命令创建选区，执行"选择→修改→扩展/收缩"命令，弹出"扩展/收缩选区"对话框，设置扩展/收缩量，单击"确定"按钮，得到选区扩展/收缩效果。图 6-92 所示为扩展选区的操作步骤。

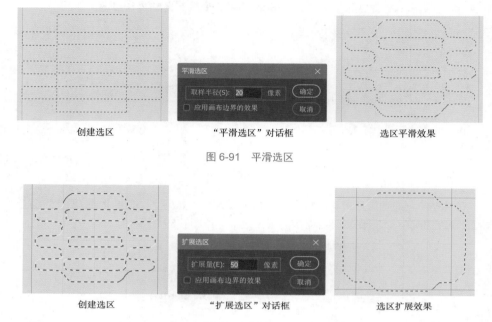

创建选区　　　　　　　"平滑选区"对话框　　　　　　　选区平滑效果

图 6-91　平滑选区

创建选区　　　　　　　"扩展选区"对话框　　　　　　　选区扩展效果

图 6-92　扩展选区

4. 羽化选区

使用任意选区创建工具和命令创建选区，执行"选择→修改→羽化"命令，或者按 Shift+F6 组合键，弹出"羽化选区"对话框，适当设置"羽化半径"数值，单击"确定"按钮，为选区填充颜色，可以看到羽化效果。图 6-93 所示为羽化选区的操作步骤。

创建选区　　　　　　　"羽化选区"对话框　　　　　　　选区羽化效果

图 6-93　羽化选区

6.4.4　存储和载入选区

将选区存储后，可以在操作过程中随时调用，以减少重复创建选区的麻烦。若要存储当前选区，执行"选择→存储选区"命令，弹出"存储选区"对话框，设置选区存储的位置和名称，如图 6-94 所示。单击"确定"按钮，然后打开"通道"面板，即可找到存储的选区，如图 6-95 所示。

图 6-94　"存储选区"对话框

图 6-95　选区存储效果

提示

用户可以选择将选区存储在本文档或者打开的其他文档中，也可以选择将选区存储为新的通道或者存储为当前图层的图层蒙版，使用"存储选区"对话框中的"文档"选项和"通道"选项进行设置即可。

除了可以将选区存储为通道或图层蒙版，用户还可以载入其他任何图层、图层蒙版或通道的选区来应用，并且其操作方法都是一样的。

若要载入选区，执行"选择→载入选区"命令，弹出"载入选区"对话框，选择要载入的通道、图层或图层蒙版，如图 6-96 所示。单击"确定"按钮，即可将指定的选区载入，如图 6-97 所示。

图 6-96　"载入选区"对话框

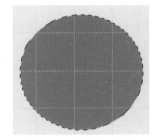

图 6-97　选区载入效果

提示

用户也可以按住 Ctrl 键并单击相应通道、图层或蒙版的缩览图，即可快速载入选区。按 Ctrl+Shift 组合键并单击缩览图，可将载入选区添加到已有选区中；按 Ctrl+Alt 组合键并单击缩览图，可将载入选区从已有选区中减去。

6.4.5　对选区和路径进行转换

在 Photoshop 中，用户可以非常方便地将选区和路径进行转换，以达到一次创建多次使用的目的，从而大幅提高工作效率。

1. 将路径转换为选区

如果要将路径转换为选区，可以选择钢笔工具、直接选择工具，或者任意形状创建和选择工具，右击路径，在弹出的快捷菜单中选择"建立选区"命令即可。或者也可以直接按 Ctrl+Enter 组合键将路径快速转换为选区。

2. 将选取转换为路径

如果要将选区转换为路径，使用任何选区创建工具创建选区，右击选区，在弹出的快捷菜单中选择"建立工作路径"命令，弹出"建立工作路径"对话框，适当设置"容差"参数，如图 6-98 和图 6-99 所示。单击"确定"按钮，即可将选区转换为路径，如图 6-100 所示。

图 6-98　选区　　　　图 6-99　"建立工作路径"对话框　　　图 6-100　路径效果

6.4.6　选择并遮住

使用 Photoshop 抠图时，遇到类似毛发和树丛等不规则边缘图像时，由于无法完全准确地建立选区，抠完后的图像会残留背景中的杂色（这种杂色统称为白边）。通过使用"选择并遮住"功能，可以很好地解决此类问题，提高选区边缘的品质。

打开图像并在图像中创建人物选区，执行"选择"→选择并遮住"命令或单击任意选框工具选项栏中的"选择并遮住"按钮，界面右侧将打开"属性"面板，左侧弹出工具箱，如图 6-101 所示。

视图用于设置当前创建的选区在画布中的显示模式，文字左侧显示为当前视图的显示模式，单击该模式，在打开的下拉列表框中共有 7 种模式可供用户选择。用户可以通过设置"不透明度"数值，控制选区的显示效果。

工具箱中包含"快速选择工具" 、"调整边缘画笔工具" 、"画笔工具" 、"对象选择工具" 、"套索工具" 、"多边形套索工具" 、"抓手工具" 和"缩放工具" 8 种工具，如图 6-102 所示。

图 6-101　打开相应的"属性"面板和工具箱　　　　　图 6-102　工具箱

　　用户可以单击选项栏中的"减去"或"添加"按钮，并设置画笔大小，添加或删减调整区域。

6.4.7　应用案例——使用"选择并遮住"抠出头发

源文件：源文件 \ 第 6 章 \ 使用"选择并遮住"抠出头发
视频：视频 \ 第 6 章 \ 使用"选择并遮住"抠出头发

Step01 打开素材图像"源文件 \ 第 6 章 \ 素材 \09.jpg"，如图 6-103 所示。按 Ctrl+J 组合键复制"背景"图层，执行"图像→自动对比度"命令，图像效果如图 6-104 所示。

图 6-103　打开素材图像　　　　　　　　　　图 6-104　图像效果

Step02 使用"钢笔工具"，设置"工具模式"为"路径"，沿着人物脸部和衣服绘制路径，效果如图 6-105 所示。按 Ctrl+Enter 组合键将路径转为选区，效果如图 6-106 所示。使用"快速选择工具"，按住 Shift 键并在头发处拖动鼠标指针，将其添入选区范围，效果如图 6-107 所示。

图 6-105　绘制路径　　　　图 6-106　将路径转换为选区　　　　图 6-107　扩展选区

Step03 隐藏"背景"图层，单击选项栏中的"选择并遮住"按钮，在打开的"属性"面板中设置参数，如图 6-108 所示。选择"智能半径"复选框，使用"调整边缘画笔工具"在图像中人物头发边缘处进行涂抹，效果如图 6-109 所示。

Step04 单击"确定"按钮，得到图像的抠出效果，"图层"面板如图 6-110 所示。打开素材图像"源文件 \ 第 6 章 \ 素材 \10.jpg"，将抠出的人物拖入该文档中，适当调整位置，如图 6-111 所示。

图 6-108 "属性"面板

图 6-109 涂抹头发效果

图 6-110 "图层"面板

Step 05 执行"图像→自动色调"命令，得到最终的图像效果，如图 6-112 所示。

图 6-111 拖入人物并调整位置

图 6-112 最终图像效果

6.5 本章小结

　　本章主要讲解了 Photoshop 中用于创建选区的工具和命令的具体使用方法，以及选区调整和修改的方法，同时还讲解了几个抠图案例，帮助读者理解不同的选区创建方法。

在拍摄照片时，由于相机本身功能不够强大或人为抖动等原因，拍摄出来的照片有可能出现噪点或画质模糊的情况。对于照片中的噪点和画质模糊问题，仅通过摄影手段是无法彻底解决的。本章将详细讲解如何使用 Photoshop 软件对数码照片中出现的噪点与模糊问题进行处理的方法，并介绍聚焦照片的制作方法。

本章知识点

（1）掌握去除数码照片的噪点的方法。
（2）掌握数码照片的锐化处理方法。
（3）掌握使用滤镜突出照片的细节的方法。
（4）掌握为数码照片添加聚焦的方法。

7.1 去除数码照片的噪点

噪点是一种出现在照片中的颗粒物，数码照片中的噪点主要是由于相机曝光过度，侵蚀存在于阴影部分的照片细节，以白色或暗淡的斑点存在于照片中，使照片产生一种肌理感，分散人们对照片中主体景物的关注。接下来将对使用 Photoshop CC 2023 处理图像中噪点的方法进行详细介绍。

7.1.1 使用"减少杂色"滤镜去除照片中的轻度噪点

使用数码相机拍摄照片时，长时间曝光会在照片中产生一些细微噪点，这种现象大部分出现在低 ISO 值拍摄的夜景中，会在照片的黑暗夜空中出现一些杂乱的亮点。这是由于相机处理器无法处理较慢的快门速度所带来的巨大工作量，致使一些特定的像素失去控制而造成的。

为了防止照片中产生这种噪点，部分数码相机配备"降噪"功能。这种功能可以通过数字处理的方法来消除照片中的噪点，因此在保存照片前就需要花费一点额外的时间。但随着降噪功能的开启，画面细节将会有所损失。

执行"滤镜→杂色→减少杂色"命令，弹出"减少杂色"对话框，如图 7-1 所示。

图 7-1　"减少杂色"对话框

7.1.2　应用案例——使用"减少杂色"滤镜去除噪点

源文件：源文件 \ 第 7 章 \ 使用"减少杂色"滤镜去除噪点
视频：视频 \ 第 7 章 \ 使用"减少杂色"滤镜去除噪点

Step 01 打开素材图像"源文件 \ 第 7 章 \ 素材 \01.jpg"，如图 7-2 所示。按 Ctrl+J 组合键复制"背景"图层，得到"图层 1"图层。执行"滤镜→杂色→减少杂色"命令，弹出"减少杂色"对话框，设置参数如图 7-3 所示。

图 7-2　打开素材图像

图 7-3　设置"减少杂色"对话框中的参数

Step 02 单击"确定"按钮，照片效果如图 7-4 所示。为"图层 1"图层添加图层蒙版，单击工具箱中的"画笔工具"，设置"前景色"为黑色，在蒙版中人物的头发、眼睛、鼻子、嘴巴等区域涂抹，效果如图 7-5 所示。

Step 03 按 Ctrl+Shift+Alt+E 组合键盖印图层，得到"图层 2"图层，"图层"面板如图 7-6 所示。执行"滤镜→减少杂色"命令，可以看到图像人物皮肤变得更加细腻，效果如图 7-7 所示。

图 7-4　照片效果

图 7-5　添加图层蒙版

图 7-6　"图层"面板

图 7-7　减少杂色效果

Step04 选择"图层 1"的图层蒙版，右击，在弹出的快捷菜单中选择"添加蒙版到选区"命令，效果如图 7-8 所示。单击"图层"面板底部的"添加图层蒙版"按钮，得到最终的图像效果，如图 7-9 所示。

图 7-8　载入选区

图 7-9　最终图像效果

提示

在对人物进行涂抹时，选择的笔触最好是边缘较为模糊的，这样涂抹后的照片效果才会更加真实。另外，执行"滤镜→减少杂色"命令就是直接重复上次执行的"滤镜→杂色→减少杂色"命令，在实际应用中要根据实际情况来决定：有时减少杂色效果不明显，可以重复执行，但有时若变化过度，就要执行"滤镜→杂色→减少杂色"命令重新设置其参数。

7.1.3　使用"高斯模糊"滤镜去除人物照片噪点

"高斯模糊"滤镜可以添加低频细节，使图像产生一种朦胧效果，因此，也可以使用

"高斯模糊"滤镜对照片进行降噪处理。

7.1.4　应用案例——使用"高斯模糊"滤镜去除人物脸部噪点

源文件：源文件\第 7 章\使用"高斯模糊"滤镜去除人物脸部噪点
视频：视频\第 7 章\使用"高斯模糊"滤镜去除人物脸部噪点

Step01 打开素材图像"源文件\第 7 章\素材\02.jpg"，如图 7-10 所示。按 Ctrl+J 组合键复制"背景"图层，得到"图层 1"图层。执行"滤镜→模糊→高斯模糊"命令，弹出"高斯模糊"对话框，设置参数如图 7-11 所示。

图 7-10　打开素材图像　　　　图 7-11　设置"高斯模糊"对话框中的参数

提示

如果想要记录高斯模糊数值或方便以后对其数值进行修改，可以在复制"背景"图层后右击该图层缩览图，在弹出的快捷菜单中选择"换为智能对象"命令，即可将图层转换为智能图层。另外，在设置图像模糊数值时，设置的"半径"值越大，图像越模糊；反之，值越小，模糊程度就越小。在制作中，为了避免处理后的图像轮廓不清晰，设置的值不可过高，只要杂质模糊看不清楚就可以了。

Step02 设置完成后单击"确定"按钮，照片效果如图 7-12 所示。按住 Alt 键的同时单击"图层"面板底部的"添加图层蒙版"按钮，使用白色柔边画笔在图像中有杂点的地方进行涂抹，图像效果和"图层"面板如图 7-13 所示。

图 7-12　照片模糊效果　　　　图 7-13　脸部涂抹效果

提示

　　在涂抹人物脸部时要特别注意涂抹范围，因为人的脸不是一个平面，因此脸上会有一些高光或阴影效果，在涂抹时要特别注意这些细节。另外，在涂抹时还要注意避开眼睛、鼻子、嘴巴等五官，以及脸和脖子的交界处轮廓，切不可整个皮肤通涂，这样会破坏人物面部的立体感，造成模糊不清的效果。

　　Step03 选择"图层 1"的图层蒙版，右击，在弹出的快捷菜单中选择"添加蒙版到选区"命令，执行"选择→反选"命令，得到反向选区，如图 7-14 所示。选择"背景"图层，按 Ctrl+C 组合键进行复制。执行"窗口→通道"命令，在打开的"通道"面板中新建 Alpha 通道，如图 7-15 所示。

图 7-14　载入选区

图 7-15　新建 Alpha 通道

　　Step04 按 Ctrl+V 组合键将复制的图像粘贴到通道中，按 Ctrl+D 组合键取消选区，效果如图 7-16 所示。执行"滤镜→风格化→查找边缘"命令，效果如图 7-17 所示。

图 7-16　粘贴图像

图 7-17　查找边缘效果

　　Step05 执行"图像→调整→色阶"命令，弹出"色阶"对话框，设置参数如图 7-18 所示。设置完成后，单击"确定"按钮，照片效果如图 7-19 所示。

图 7-18　设置"色阶"对话框中的参数

图 7-19　照片效果

Step06 按住 Ctrl 键并单击 Alpha1 通道缩览图调出选区，按 Ctrl+Shift+I 组合键反向选择选区，单击 RGB 复合通道，选区效果如图 7-20 所示。按 Ctrl+J 组合键复制选区中的图像，得到"图层 2"图层，将其移至最上层，设置"混合模式"为"柔光"，"不透明度"为 30%，图像效果如图 7-21 所示。

图 7-20 选区效果   图 7-21 图像效果

Step07 按 Ctrl+Alt+Shift+E 组合键盖印图层，得到"图层 3"图层。执行"滤镜→锐化→ USM 锐化"命令，弹出"USM 锐化"对话框，设置参数如图 7-22 所示。单击"确定"按钮，最终照片效果如图 7-23 所示。

图 7-22 设置"USM 锐化"对话框   图 7-23 最终照片效果

7.2 数码照片的锐化处理

"锐化"是伴随着数码影像的发展而产生的技术，可以说，如果不锐化，照片就没有足够的清晰度，或者会使照片的原始图焦点发虚。所以，有些数码相机具有为拍摄的照片进行锐化处理的功能。但如果拍摄的照片过于模糊，相机自带的锐化功能就无法满足照片的锐化需求，这时就需要通过 Photoshop 软件的锐化功能对照片进行进一步的锐化处理。

7.2.1 对照片进行局部锐化

有些照片中会出现局部模糊的问题，对于这样的问题，只需要使用"锐化工具"

在照片中的模糊区域涂抹，就可以使数码照片越来越清晰。

"锐化工具"可以通过提高像素的对比度，使照片越来越清晰，一般用于锐化图像的边缘部分。另外，在锐化照片时最好选择低强度的软画笔对需要进行锐化的区域涂抹。

单击工具箱中的"锐化工具"按钮，在选项栏中可以对"锐化工具"的相关选项进行设置，如图 7-24 所示。

图 7-24　"锐化工具"选项栏

7.2.2　对照片进行整体锐化

一般在对一张图像进行了大量的操作处理后，画面中的像素总会或多或少有些模糊，尤其是磨皮、调色和合成，更会导致图像模糊，此时就需要对图像进行整体锐化。

"USM 锐化"是专为模糊照片准备的一款滤镜，适合对整幅照片进行锐化处理。执行"滤镜→锐化→ USM 锐化"命令，弹出"USM 锐化"对话框，如图 7-25 所示。

"数量"可以控制锐化效果的强度，该值范围为 1 ～ 500 的整数。

"半径"决定锐化像素的宽度，该值范围为 0.1 ～ 250 的数值。图 7-26 所示分别为原始照片和设置半径为 100 像素的照片效果。

图 7-25　"USM 锐化"对话框

原始照片　　　　　　　半径为 100 像素

图 7-26　照片锐化前后的对比效果

"阈值"决定多大反差的相邻像素边界可以被锐化处理，该值范围为 0 ～ 255 的整数。"阈值"的设置是避免因锐化处理而导致斑点和麻点等问题的关键参数，设置合理的话，可以使图像在保持平滑自然色调的基础上对变化细节的反差做出强调。

7.2.3　应用案例——使用"USM 锐化"滤镜对照片进行整体锐化

源文件：源文件 \ 第 7 章 \ 使用 "USN 锐化" 滤镜对照片进行整体锐化
视频：视频 \ 第 7 章 \ 使用 "USN 锐化" 滤镜对照片进行整体锐化

Step01 打开素材图像"源文件 \ 第 7 章 \ 素材 \03.jpg"，如图 7-27 所示。执行"滤镜→锐化→ USM 锐化"命令，弹出"USM 锐化"对话框，设置参数如图 7-28 所示。

图 7-27　打开素材图像　　　　图 7-28　设置"USM 锐化"对话框中的参数

Step 02 设置完成后，单击"确定"按钮，效果如图 7-29 所示。按 **Ctrl+F** 组合键执行
USM 锐化操作，最终照片效果如图 7-30 所示。

图 7-29　照片效果　　　　　　图 7-30　最终照片效果

7.2.4　通过"明度"通道锐化照片

RGB 模式照片的颜色信息都保存在 R、G、B 这 3 个通道中，无论对照片进行整体
锐化，还是针对某个通道进行锐化处理，都无法避免对照片的颜色产生影响。而在 Lab
颜色模式中，由于照片中的颜色信息与明度分别位于不同的通道中，所以通过 Lab 颜色
模式对照片进行锐化处理可以避免对照片颜色产生影响。

7.2.5　叠加锐化

叠加锐化技术是一种很受专业人员欢迎的技术，这种锐化技术的优点在于，它的锐
化效果是针对图像的明度关系，而非图像颜色关系。

7.2.6　应用案例——通过叠加锐化突出照片主体

源文件：源文件\第 7 章\通过叠加锐化突出照片主体
视频：视频\第 7 章\通过叠加锐化突出照片主体

Step 01 打开素材图像"源文件\第 7 章\素材\04.jpg"，如图 7-31 所示。按 **Ctrl+J** 组
合键复制"背景"图层，设置该图层"混合模式"为"叠加"，"不透明度"为 20%，效
果如图 7-32 所示。

图 7-31　打开素材图像

图 7-32　照片效果 1

Step 02 单击"图层"面板下方的"创建新的填充或调整图层"按钮 ，在打开的下拉列表框中选择"曲线"选项，打开"属性"面板，设置参数如图 7-33 所示，照片效果如图 7-34 所示。

图 7-33　设置"曲线"参数

图 7-34　照片效果 2

Step 03 按 Ctrl+Alt+Shift+E 组合键盖印所有图层，得到"图层 2"图层，"图层"面板如图 7-35 所示。执行"滤镜→锐化→ USM 锐化"命令，弹出"USM 锐化"对话框，设置参数如图 7-36 所示，单击"确定"按钮，照片效果如图 7-37 所示。

图 7-35　"图层"面板

图 7-36　设置"USM 锐化"
对话框中的参数

图 7-37　照片效果 3

7.3　使用滤镜突出照片中的细节

一幅好的照片通常都有某些亮点，如照片本身的构图，以及摄影者对照片细节的把握程度。照片的原始构图是无法更改的，但如果通过 **Photoshop** 的滤镜、蒙版和通道功能对照片的细节进行凸显，则可以清晰地凸显照片细节，使照片变得更加完美。

7.3.1 智能锐化

使用"智能锐化"滤镜可以将照片中的阴影和细节部分呈现出来，使照片变得更加清晰。执行"滤镜→锐化→智能锐化"命令，弹出"智能锐化"对话框，如图 7-38 所示。

图 7-38 "智能锐化"对话框

对于一些面部精致的人像特写照片来说，直接使用其他锐化方法对整个照片进行锐化操作时，难免会破坏照片的面部纹理或阴影高光，但使用"智能锐化"滤镜可以对照片中需要锐化的"阴影"与"高光"区域进行控制，不会因为锐化程度过高而对照片的质量产生破坏。

7.3.2 应用案例——使用"智能锐化"让照片更加清晰

源文件：源文件 \ 第 7 章 \ 使用"智能锐化"让照片更加清晰
视频：视频 \ 第 7 章 \ 使用"智能锐化"让照片更加清晰

Step 01 打开素材图像"源文件 \ 第 7 章 \ 素材 \05.jpg"，如图 7-39 所示。执行"滤镜→锐化→智能锐化"命令，在弹出的"智能锐化"对话框中设置参数，如图 7-40 所示。

图 7-39 打开素材图像

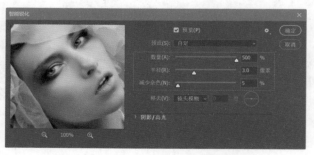

图 7-40 设置"智能锐化"对话框中的参数

Step 02 单击"高光/阴影"选项前面的小三角，在展开的选项菜单中设置参数，如图 7-41 所示。设置完成后单击"确定"按钮，得到最终的照片效果，如图 7-42 所示。

图 7-41 设置"高光/阴影"参数　　　　　　　图 7-42 最终照片效果

7.3.3 高反差保留

Photoshop 中的"高反差保留"命令可以将图像中的边缘进行强化处理,与图层的"混合模式"在一起使用时可以使照片更加清晰。使用"高反差保留"滤镜可以提取照片中的反差,反差越大的地方提取出来的图案效果越明显,反差小的地方提取出来就是一片灰色。

执行"滤镜→其他→高反差保留"命令,弹出"高反差保留"对话框,如图 7-43 所示。

"半径"用来控制原图像保留的程度。该值越大,所保留的原图像像素就越多;该值越小,所保留的原图像像素就越少。图 7-44 所示为原始照片与设置半径为 3 像素的照片效果。

图 7-43 "高反差保留"对话框

原始照片　　　　　　　　　　　　　　半径为 3 像素

图 7-44 照片效果对比

使用"高反差保留"滤镜可以使照片中本来模糊的区域变得清晰。图 7-45 所示为原始照片的局部效果与使用"高反差保留"滤镜后的局部照片效果,从中可以看到,人物的发丝及面部变得更加清晰。

图 7-45　使用"高反差保留"滤镜前后对比效果

7.3.4　应用案例——使用"高反差保留"滤镜使照片更加清晰

源文件：源文件\第 7 章\使用"高反差保留"滤镜使照片更加清晰
视频：视频\第 7 章\使用"高反差保留"滤镜使照片更加清晰

Step01 打开素材图像"源文件\第 7 章\素材 \06.jpg"，如图 7-46 所示。按 Ctrl+J 组合键复制"背景"图层，得到"图层 1"图层，修改其"混合模式"为"叠加"，照片效果如图 7-47 所示。

图 7-46　打开素材图像

图 7-47　照片效果 1

Step02 执行"滤镜→其他→高反差保留"命令，在弹出的"高反差保留"对话框中设置参数，如图 7-48 所示。设置完成后，单击"确定"按钮，照片效果如图 7-49 所示。

图 7-48　设置参数

图 7-49　照片效果 2

Step03 单击工具箱中的"创建新的填充或调整图层"按钮，在打开的下拉列表框中选择"曲线"选项，打开"属性"面板，设置参数如图 7-50 所示，最终照片效果如图 7-51 所示。

图 7-50　设置"曲线"参数　　　　　　图 7-51　最终照片效果

7.3.5　图层蒙版

使用"高反差保留"滤镜虽然可以增强照片的细节，但该滤镜是针对整张照片的细节进行增强，所以难免对照片中不需要增强的细节造成影响。使用图层蒙版增强照片细节，实际上就是在应用"高反差保留"滤镜的基础上对照片的局部添加蒙版。

7.3.6　应用案例——使用图层蒙版增加照片的细节

源文件：源文件 \ 第 7 章 \ 使用图层蒙版增加照片的细节
视频：视频 \ 第 7 章 \ 使用图层蒙版增加照片的细节

Step01 打开素材图像"源文件 \ 第 7 章 \ 素材 \07.jpg"，如图 7-52 所示。按 Ctrl+J 组合键复制"背景"图层，得到"图层 1"图层，设置其"混合模式"为"叠加"，照片效果如图 7-53 所示。

图 7-52　打开素材图像　　　　　　图 7-53　照片效果 1

Step02 执行"滤镜→其他→高反差保留"命令，弹出"高反差保留"对话框，设置参数如图 7-54 所示。设置完成后，单击"确定"按钮，照片效果如图 7-55 所示。

图 7-54　设置参数　　　　　　图 7-55　照片效果 2

Step03 为"图层 1"添加图层蒙版,单击工具箱中的"画笔工具"按钮,设置"前景色"为黑色,在照片细节增强过度的区域涂抹,效果如图 7-56 所示,"图层"面板如图 7-57 所示。

图 7-56　照片效果 3　　　　　　　　图 7-57　"图层"面板

提示

可以使用"画笔工具"编辑图层蒙版,在编辑过程中为了达到更好的图像效果,会不断地设置画笔属性,而使用快捷键可以提高工作效率,节省时间。将输入法设置为英文输入,单击键盘上的 X 键可以切换画笔笔触颜色为前景色或背景色,按 [、] 键可以分别放大和缩小画笔笔触。

Step04 单击"图层"面板中的"创建新的填充或调整图层"按钮 ,在打开的下拉列表框中选择"色彩平衡"选项,打开"属性"面板,设置参数如图 7-58 所示。设置完成后,最终照片效果如图 7-59 所示。

图 7-58　设置"色彩平衡"参数　　　　　　图 7-59　最终照片效果

7.3.7　使用通道和滤镜使照片边缘更加清晰

使用通道和滤镜使照片边缘清晰化,就是通过在通道中将需要进行清晰化处理的照片边缘选择出来并添加滤镜和混合模式,从而达到快速准确地修复照片模糊边缘的一种方法。

7.3.8　应用案例——使用通道和滤镜使照片边缘更加清晰

源文件:源文件 \ 第 7 章 \ 使用通道和滤镜使照片边缘清晰化
视频:视频 \ 第 7 章 \ 使用通道和滤镜使照片边缘清晰化

Step01 打开素材图像"源文件 \ 第 7 章 \ 素材 \08.jpg",如图 7-60 所示。按 Ctrl+A

组合键全选，按 Ctrl+C 组合键复制图像。单击"通道"面板中的"创建新通道"按钮，新建 Alpha 1 通道，按 Ctrl+V 组合键粘贴图像，按 Ctrl+D 组合键取消选区，照片效果如图 7-61 所示。"通道"面板如图 7-62 所示。

图 7-60 打开素材图像

图 7-61 照片效果 1

图 7-62 "通道"面板

Step02 执行"滤镜→风格化→查找边缘"命令，效果如图 7-63 所示。执行"图像→调整→色阶"命令，弹出"色阶"对话框，设置参数如图 7-64 所示。设置完成后，单击"确定"按钮，照片效果如图 7-65 所示。

图 7-63 "查找边缘"效果

图 7-64 设置"色阶"对话框中的参数

图 7-65 照片效果 2

Step03 执行"滤镜＞模糊＞高斯模糊"命令，弹出"高斯模糊"对话框，设置参数如图 7-66 所示。设置完成后，照片效果如图 7-67 所示。执行"图像＞调整＞色阶"命令，弹出"色阶"对话框，设置参数如图 7-68 所示。

图 7-66 "高斯模糊"对话框

图 7-67 照片效果 3

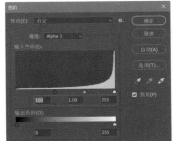
图 7-68 "色阶"对话框

Step04 设置完成后，单击"确定"按钮，照片效果如图 7-69 所示。按住 Ctrl 键并单击 Alpha 1 通道，调出通道选区，按 Ctrl+Shift+I 组合键反向选择选区，单击 RGB 复合选区，如

图 7-70 所示。按 Ctrl+J 组合键得到"图层 1"图层，"图层"面板如图 7-71 所示。

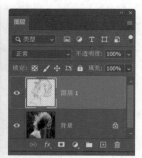

图 7-69 照片效果 4　　　图 7-70 选区效果　　　图 7-71 "图层"面板

提示

　　若图像中存在选区，按 Ctrl+J 组合键复制的就是被选中图层中选区框选中的图像；若图像中没有选区，按 Ctrl+J 组合键复制的就是选中的图层。

Step 05 执行"滤镜→锐化→ USM 锐化"命令，弹出"USM 锐化"对话框，设置参数如图 7-72 所示。设置完成后，单击"确定"按钮，照片效果如图 7-73 所示。

图 7-72 "USM 锐化"对话框　　　图 7-73 照片效果 5

Step 06 执行"编辑→渐隐 USM 锐化"命令，弹出"渐隐"对话框，设置参数如图 7-74 所示。设置完成后，单击"确定"按钮。设置"图层 1"的"混合模式"为"柔光"，"不透明度"为 65%，"图层"面板如图 7-75 所示，照片效果如图 7-76 所示。

图 7-74 "渐隐"对话框　　　图 7-75 "图层"面板　　　图 7-76 照片效果 6

7.4　为数码照片添加聚焦

　　聚焦是一种通过忽略照片背景来达到凸显主体对象的技术，聚焦效果可以通过数码相机拍摄，也可以通过后期处理制作实现。聚焦效果包括焦点选框聚焦、晕影重影、景深聚焦、光照聚焦等方法，接下来介绍通过后期处理为数码照片添加聚焦效果的方法。

7.4.1　通过选区聚焦照片主体

　　选区聚焦照片主体是一种常见的聚焦手法，通过为照片主体添加外边框，可以快速地达到设置照片聚焦效果的目的。

7.4.2　应用案例——通过选区聚焦照片主体

源文件：源文件\第 7 章\通过选区聚焦照片主体
视频：视频\第 7 章\通过选区聚焦照片主体

Step01 打开素材图像"源文件\第 7 章\素材\09.jpg"，如图 7-77 所示。单击"图层"面板底部的"创建新的填充或调整图层"按钮 ，在打开的下拉列表框中选择"曲线"选项，打开"属性"面板，设置参数如图 7-78 所示。

图 7-77　打开素材图像　　　　　　　　　图 7-78　设置"曲线"参数 1

Step02 设置完成后单击"确定"按钮，照片效果如图 7-79 所示。按 Ctrl+Shift+Alt+E 组合键盖印图层，使用"椭圆工具"在图像中创建选区，如图 7-80 所示。

图 7-79　照片效果　　　　　　　　　　图 7-80　创建选区

Step 03 新建"曲线"调整图层，在"属性"面板中设置参数，如图 7-81 所示。最终照片效果如图 7-82 所示。

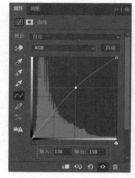

图 7-81 设置"曲线"参数 2

图 7-82 最终照片效果

图 7-83 "镜头模糊"对话框

7.4.3 使用"镜头模糊"滤镜打造照片景深效果

许多摄影师喜欢采用大光圈、小景深的方式拍摄人物或景物特写，这样可以使拍摄出来的照片具有背景虚化的景深效果。在 Photoshop 中可以通过"镜头模糊"滤镜达到这种景深效果。

执行"滤镜→模糊→镜头模糊"命令，弹出"镜头模糊"对话框，如图 7-83 所示。

7.5 本章小结

本章主要讲解了数码照片的降噪、修复模糊照片、进一步加深照片清晰度，以及为照片添加聚焦效果的方法。通过这些命令的学习，读者不仅可以掌握数码照片中噪点及模糊问题的解决方法，还可以掌握高斯模糊、减少杂色等滤镜的使用方法。

第 8 章
人像照片的修饰与处理

　　日常拍摄中，大多以人物照片为主，所以照片效果的好坏和照片中的人物有着直接关系。但是在拍摄过程中，由于人物外形本身存在各种不同程度的瑕疵，使数码照片不够完美。本章主要针对人物在照片中经常会出现的一些瑕疵进行修复和美化，通过本章的学习，相信读者可以熟练掌握人物修饰的多种方法。

本章知识点

　　（1）掌握修复人物面部瑕疵的方法。
　　（2）掌握局部恢复图像的方法
　　（3）掌握对照片中的人物进行修饰的方法。
　　（4）掌握人物的磨皮处理方法。
　　（5）掌握人物外形轮廓的修饰方法。

8.1　恢复人物面部瑕疵

　　使用 Photoshop CC 2023 中提供的修复工具，可以轻松地对照片人物的面部瑕疵进行修复操作，从而使人物面部完美无瑕，使图像更精彩地记录每一个瞬间。

8.1.1　使用"污点修复画笔工具"去除脸上的雀斑

　　使用"污点修复画笔工具"可以快速去除图像上的污点、划痕和其他不理想的部分。它与"修复画笔工具"的效果类似，也是使用图像或图案中的样本像素进行绘画，并将样本像素的纹理、光照、透明度和阴影与所修复的像素相匹配。"污点修复画笔工具"选项栏如图 8-1 所示。

图 8-1　"污点修复画笔工具"选项栏

　　选择"内容识别"选项时，当对图像的某一区域进行覆盖填充时，由软件自动分析周围图像的特点，将图像进行拼接组合后填充在该区域并进行融合，从而达到快速无缝拼接的效果，如图 8-2 所示。
　　选择"创建纹理"选项时，可以使用选区中的所有像素创建一个用于修复该区域的纹理，如果纹理不起作用，可尝试再次拖过区域。

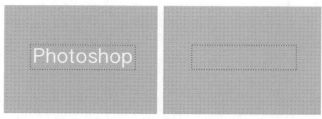

图 8-2 使用"内容识别"功能去除文字

选择"近似匹配"选项时，可以使用选区边缘周围的像素来查找要用作选定区域修补的图像区域。

数码照片中如果人物面部存在斑点，常常会严重影响人物整体的美观。为了使人物的皮肤看上去显得自然，可以使用"污点修复画笔工具"去除人物脸部的斑点，使人物的皮肤重现亮丽光彩。

8.1.2　应用案例——使用"污点修复画笔工具"去除人物脸上斑点

源文件：源文件 \ 第 8 章 \ 使用"污点修复画笔工具"去除人物脸上斑点
视频：视频 \ 第 8 章 \ 使用"污点修复画笔工具"去除人物脸上斑点

Step 01 执行"文件→打开"命令，打开素材图像"源文件 \ 第 8 章 \ 素材 \01.jpg"，如图 8-3 所示。按 Ctrl+J 组合键复制"背景"图层，得到"图层 1"图层，"图层"面板如图 8-4 所示。

图 8-3　打开素材图像

图 8-4　"图层"面板

Step 02 单击工具箱中的"污点修复画笔工具"按钮，调整画笔大小，在照片斑点处涂抹，效果如图 8-5 所示。使用相同的方法修复其他斑点，照片效果如图 8-6 所示。

图 8-5　修复斑点

图 8-6　照片效果

提示

　　使用"污点修复画笔工具"处理单一斑点时，要根据修复的对象随时调整画笔的大小；使用"污点修复画笔工具"处理多个连续的斑点时，要根据图像中对象的肌理纹路来拖动鼠标。

8.1.3　使用"修复画笔工具"去除脸上的痘痘

　　"修复画笔工具"与"仿制图章工具"一样，也可以利用图像或图案中的样本像素来绘画。但该工具可以从被修饰区域的周围取样，使用图像或图案中的样本像素进行绘画，并将样本的纹理、光照、透明度和阴影等与所修复的像素匹配，从而去除照片中的污点和划痕，修复后的效果不会产生人工修复的痕迹。"修复画笔工具"选项栏如图 8-7 所示。

图 8-7　"修复画笔工具"选项栏

　　"源"可选择用于修复像素的源。选择"取样"选项，可以从图像的像素上取样；选择"图案"选项，可以在"图案"下拉列表框中选择一个图案作为取样，如图 8-8 所示。

　　在日常生活中，常常因为饮食问题和工作压力等原因，使面部出现痘痘等肌肤问题，因此在拍照时就会影响照片的拍摄效果。这时，可以使用"修复画笔工具"去除面部的痘痘。

8.1.4　应用案例——使用"修复画笔工具"去除人物脸上的痘痘

图 8-8　"图案"拾色器

> 源文件：源文件 \ 第 8 章 \ 使用"修复画笔工具"去除人物脸上的痘痘
> 视频：视频 \ 第 8 章 \ 使用"修复画笔工具"去除人物脸上的痘痘

Step 01 打开素材图像"源文件 \ 第 8 章 \ 素材 \02.jpg"，如图 8-9 所示，按 Ctrl+J 组合键复制"背景"图层，得到"图层 1"图层，"图层"面板如图 8-10 所示。

图 8-9　打开素材图像

图 8-10　"图层"面板

Step 02 单击工具箱中的"修复画笔工具"按钮，设置合适的画笔大小，按住 Alt 键在痘痘区域附近单击取样，如图 8-11 所示，在痘痘上单击进行修复，效果如图 8-12 所示。

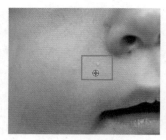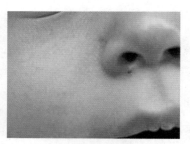

图 8-11　图像取样　　　　　　　　图 8-12　修复效果

Step03 使用相同的方法，将脸上的痘痘全部清除，效果如图 8-13 所示。执行"图像→自动色调"命令，照片效果如图 8-14 所示。

图 8-13　修复照片　　　　　　　　图 8-14　照片效果

8.1.5　使用"修补工具"去除脸部皱纹

"修补工具"可以用其他区域或图案中的像素来修复选中的区域。与"修复画笔工具"一样，"修补工具"会将样本像素的纹理、光照和阴影与源像素进行匹配。但"修补工具"的特别之处在于，需要创建选区来定义修补范围。"修复工具"选项栏如图 8-15 所示。

选区创建方式

图 8-15　"修复工具"选项栏

选区创建方式可以用来设置选区范围。单击"新选区"按钮，可以创建一个新的选区，如果图像中包含选区，则原选区将被替换。单击"添加到选区"按钮，可以在当前选区的基础上增加新的选区。单击"从选区减去"按钮，可以在原选区中减去当前绘制的选区。单击"与选区交叉"按钮，可得到原选区与当前创建选区相交的部分。

8.1.6　应用案例——使用"修补工具"去除眼袋

源文件：源文件\第 8 章\使用"修补工具"去除眼袋
视频：视频\第 8 章\使用"修补工具"去除眼袋

Step01 打开素材图像"源文件\第 8 章\素材\03.jpg"，如图 8-16 所示。按 Ctrl+J 组合键复制"背景"图层，得到"图层 1"图层，"图层"面板如图 8-17 所示。

图 8-16　打开素材图像

图 8-17　"图层"面板

Step 02 单击工具箱中的"修补工具"按钮，使用默认设置，在眼袋处绘制选区，如图 8-18 所示。将选区移动到皮肤较好的区域，如图 8-19 所示，释放鼠标，可以看到选区中的眼袋已经消失，修补效果如图 8-20 所示。

图 8-18　创建选区

图 8-19　拖动选区

图 8-20　修补效果

提示

"修补工具"的最大特点就是可以自由选择特定的图像范围进行修饰。如果"修补工具"对照片进行修补时，所要选择的区域比较规整，可以使用其他的"选区工具"创建选区，然后再使用"修补工具"拖动选区进行修复。

Step 03 使用相同的方法修补其余的眼袋，效果如图 8-21 所示。使用"减淡工具"对眼袋过暗的部位进行减淡，效果如图 8-22 所示。

图 8-21　其余眼袋修补效果

图 8-22　减淡过暗区域

Step 04 使用"污点修复画笔工具"对人物面部和身体的黑痣进行修补，最终照片效果如图 8-23 所示。"图层"面板如图 8-24 所示。

图 8-23　最终照片效果　　　　图 8-24　"图层"面板

8.1.7　使用"内容感知移动工具"修改构图

在平时的拍摄过程中，业余爱好者往往把握不好图像的结构，使得主体对象在照片中的位置不佳，从而不能被完美展现出来。

Photoshop 中的"内容感知移动工具"填补了这方面的空白，使用该工具可以将对象移动或复制到新位置，并自动融合图像边缘。

照片中主体部分的位置会对构图效果产生决定性影响，使用"内容感知移动工具"可以快速改变物体的位置，从而使画面构图更合理。

单击工具箱中的"内容感知移动工具"按钮，其选项栏如图 8-25 所示。用户可以根据操作需求对不同的参数进行设置。

图 8-25　"内容感知移动工具"选项栏

8.1.8　应用案例——使用"内容感知移动工具"修改图像构图

源文件：源文件\第 8 章\使用"内容感知移动工具"修改图像构图
视频：视频\第 8 章\使用"内容感知移动工具"修改图像构图

Step01 打开素材图像"源文件\第 8 章\素材 \04.jpg"，如图 8-26 所示。按 Ctrl+J 组合键复制"背景"图层，得到"图层 1"图层，"图层"面板如图 8-27 所示。

Step02 单击工具箱中的"内容感知移动工具"按钮，沿着猫头鹰创建选区，如图 8-28 所示。

图 8-26　打开素材图像　　　图 8-27　"图层"面板　　　图 8-28　创建选区

Step03 将鼠标指针移至选区内部并拖动对象到新的位置，效果如图 8-29 所示。按 Ctrl+D 组合键取消选区，使用"仿制图章工具"修补猫头鹰与背景融合不自然的区域，最终照片效果如图 8-30 所示。

图 8-29　移动效果　　　　　　　　图 8-30　最终照片效果

8.1.9　使用"红眼工具"修复红眼

用胶片相机拍摄人物时，有时会出现红眼现象，这是因为在光线较暗的环境中拍摄时，闪光灯的闪光会使人眼的瞳孔瞬时放大，视网膜上的血管被反射到底片上，从而产生红眼现象。

使用 Photoshop CC 2023 中的"红眼工具"，只需在红眼睛上单击一次即可修正红眼，使用该工具时可以调整瞳孔大小和变暗量，其选项栏如图 8-31 所示。

图 8-31　"红眼工具"选项栏

8.2　恢复局部图像效果

"历史记录画笔工具"的主要作用是对照片进行局部恢复操作。在"历史记录画笔"工具组中有"历史记录画笔工具"与"历史记录艺术画笔工具"两种工具，如图 8-32 所示。

图 8-32　历史记录画笔工具组

8.2.1　历史记录画笔工具

"历史记录画笔工具"的主要作用是消除对照片所做的历史操作，需要配合"历史记录"面板使用。

打开一张素材图像，如图 8-33 所示。在照片中进行一些操作，在"历史记录"面板中会自动记录对照片进行的操作，如图 8-34 所示。

如果想将照片中的某一个区域恢复到照片打开时的状态或某一操作步骤，可以在"历史记录"面板中单击记录步骤前的空白区域以设置历史记录画笔的源，如图 8-35 所示。此时，可以使用"历史记录画笔工具"在需要恢复到所选步骤的区域进行涂抹，效果如图 8-36 和图 8-37 所示。

图 8-33　打开素材图像　　　　　图 8-34　"历史记录"面板

图 8-35　设置恢复状态　　　　图 8-36　调整效果　　　　图 8-37　局部恢复效果

8.2.2　历史记录艺术画笔工具

"历史记录艺术画笔工具"的作用主要是对照片叠加特殊效果，以风格化描边样式进行绘画，通过使用不同的绘画样式、大小和容差选项，可以使用不同的色彩和艺术风格模拟绘画的纹理。与"历史记录画笔工具"一样，该工具同样需要配合"历史记录"面板使用。该工具的选项栏如图 8-38 所示。

（选项栏图像）模式：正常　不透明度：100%　样式：绷紧短　区域：50 像素　容差：0%　0°

图 8-38　"历史记录艺术画笔工具"选项栏

8.2.3　"历史记录"面板

"历史记录"面板中记录了当前文档的一系列操作，每个文档都有单独的历史记录。执行"窗口→历史记录"命令，即可打开"历史记录"面板，如图 8-39 所示。

"设置历史记录画笔的源"可以恢复照片中的颜色效果，但如果对一张照片进行了多次操作，在"历史记录"面板中很难找到需要恢复的步骤。如果需要恢复照片在某一操作步骤的效果，可以再选择该步骤，单击"创建新快照"按钮，将当前步骤中的照片效果以快照形式保存在"历史记录"面板中，如图 8-40 所示，这样就可以很容易找到需要恢复的照片效果。

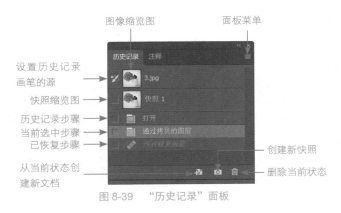

图 8-39　"历史记录"面板

图 8-40　建立快照

8.3　对照片中的人物进行修饰

本节将以人物的修饰为中心，介绍如何应用 Photoshop 软件对人物进行美化修饰，如更换人物头发颜色、添加唇彩、美白牙齿、美白肤色等。

8.3.1　应用案例——更改人物头发颜色

源文件：源文件 \ 第 8 章 \ 更改人物头发颜色
视频：视频 \ 第 8 章 \ 更改人物头发颜色

Step01 打开素材图像"源文件 \ 第 8 章 \ 素材 \05.jpg"，如图 8-41 所示。执行"图像→计算"命令，弹出"计算"对话框，设置参数如图 8-42 所示。

图 8-41　打开素材图像

图 8-42　设置"计算"对话框中的参数

提示

"计算"的作用是将图像的绿通道和绿通道通过"叠加"模式混合，得到一个黑白反差更大的新通道。后面会添加一个"色彩平衡"调整图层来调整人物头发的颜色，使用这个通道作为调整图层的蒙版，可以得到自然细腻的调整效果。

Step02 单击"确定"按钮，得到通道 Alpha 1，如图 8-43 所示。在"图层"面板底部单击"创建新的填充或调整图层"按钮，在打开的下拉列表框中选择色彩平衡选项，打开"属性"面板，设置参数如图 8-44 所示。

图 8-43　"通道"面板　　　　　　　　　　　图 8-44　设置"属性"面板

Step03 选中"色彩平衡"调整图层的蒙版，执行"图像→应用图像"命令，弹出"应用图像"对话框，设置参数如图 8-45 所示。设置完成后单击"确定"按钮，照片效果如图 8-46 所示。

图 8-45　"应用图像"对话框　　　　　　　　　图 8-46　照片效果 1

提示

"应用图像"的作用是将之前计算得到的新通道直接用作调整图层的蒙版。当然，用户也可以按住 Alt 键并单击通道缩览图载入选区，再选中调整图层的蒙版缩览图填充黑色，不过这样做会出现损耗。

Step04 按 Ctrl+J 组合键复制该图层，选中蒙版，按 Ctrl+L 组合键，弹出"色阶"对话框，设置参数如图 8-47 所示。设置完成后按住 Alt 键并单击蒙版缩览图，查看蒙版效果，如图 8-48 所示。

图 8-47　设置"色阶"对话框中的参数　　　　　图 8-48　蒙版效果

Step 05 分别使用白色和黑色的柔边画笔，不断调整"不透明度"，对蒙版进行进一步处理，效果如图 8-49 所示。按住 Alt 键并单击蒙版缩览图退出蒙版查看模式，照片效果如图 8-50 所示。

图 8-49　处理蒙版　　　　　　　　　　图 8-50　照片效果 2

8.3.2　应用案例——为人物添加唇彩

源文件：源文件 \ 第 8 章 \ 为人物添加唇彩
视频：视频 \ 第 8 章 \ 为人物添加唇彩

Step 01 打开素材图像"源文件 \ 第 8 章 \ 素材 \06.jpg"，如图 8-51 所示，使用"钢笔工具"在照片上按照人物嘴唇的轮廓绘制路径，效果如图 8-52 所示。

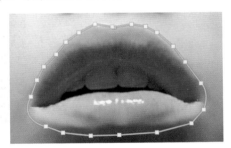

图 8-51　打开素材图像　　　　　　　　图 8-52　绘制路径

Step 02 打开"路径"面板，在"路径"面板中双击刚刚绘制的工作路径，弹出"存储路径"对话框，如图 8-53 所示，单击"确定"按钮，将工作路径存储为"路径 1"，如图 8-54 所示。在"路径"面板的空白处单击，取消路径的选中状态。

图 8-53　"存储路径"对话框　　　　　　图 8-54　"路径"面板

Step 03 返回"图层"面板，新建"图层 1"图层，设置"前景色"为 RGB（50、50、50），使用"油漆桶工具"填充前景色。

Step 04 执行"滤镜→杂色→添加杂色"命令，弹出"添加杂色"对话框，设置参数如图 8-55 所示。单击"确定"按钮，画布效果如图 8-56 所示。

图 8-55　"添加杂色"对话框　　　　　　　图 8-56　画布效果 1

Step 05 执行"图像→调整→色阶"命令，弹出"色阶"对话框，设置参数如图 8-57 所示。单击"确定"按钮，画布效果如图 8-58 所示。

图 8-57　"色阶"对话框　　　　　　　图 8-58　画布效果 2

Step 06 设置该图层的"混合模式"为"颜色减淡"，"不透明度"为"50%"，"图层"面板如图 8-59 所示。照片效果如图 8-60 所示。

图 8-59　"图层"面板　　　　　　　图 8-60　照片效果 1

Step 07 切换到"路径"面板中，按住 Ctrl 键并单击"路径 1"路径缩览图，将该路径作为选区载入，按 Shift+F6 组合键，弹出"羽化选区"对话框，设置"羽化半径"值为 5 像素，如图 8-61 所示。羽化效果如图 8-62 所示。

图 8-61　"羽化选区"对话框

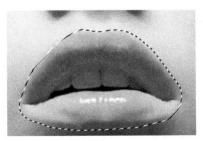

图 8-62　羽化效果

Step 08 在选区状态下创建图层蒙版，使用"画笔工具"，设置"前景色"为黑色，在牙齿处进行涂抹，将不需要的部分隐藏，"图层"面板如图 8-63 所示。效果如图 8-64 所示。

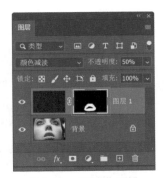

图 8-63　"图层"面板

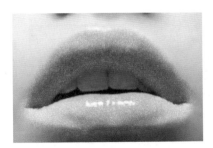

图 8-64　隐藏牙齿部分

Step 09 按住 Ctrl 键并单击"图层 1"蒙版缩览图，将其载入选区，在选区状态下新建"曲线"调整图层，在打开的"属性"面板中进行相应的设置，如图 8-65 所示，照片效果如图 8-66 所示。

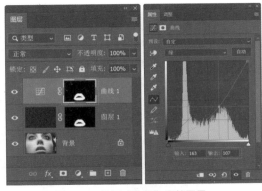

图 8-65　设置"曲线"调整图层

图 8-66　照片效果 2

Step 10 复制"背景"图层，得到"背景 副本"图层，将其移动至顶层，执行"图像→调整→渐变映射"命令，弹出"渐变映射"对话框，设置参数如图 8-67 所示。照片效果如图 8-68 所示。

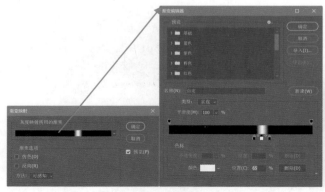

图 8-67　设置"渐变映射"对话框中的参数　　　　图 8-68　照片效果 3

Step 11 设置"背景 副本"图层的"混合模式"为"滤色"，"不透明度"为"80%"，效果如图 8-69 所示。使用相同的方法，为该图层添加图层蒙版，照片效果如图 8-70 所示。

图 8-69　调整图层的"混合模式"　　　　　　　图 8-70　照片效果 4

Step 12 新建"色相/饱和度"调整图层，在打开的"属性"面板中进行相应设置，如图 8-71 所示。最终照片效果如图 8-72 所示。

图 8-71　"属性"面板　　　　　　　　图 8-72　最终照片效果

8.3.3　应用案例——美白光洁牙齿

源文件：源文件 \ 第 8 章 \ 美白光洁牙齿
视频：视频 \ 第 8 章 \ 美白光洁牙齿

Step 01 打开素材图像"源文件 \ 第 8 章 \ 素材 \07.jpg"，如图 8-73 所示。单击工具箱中的"快速选择工具"按钮，在人物牙齿部分创建选区，效果如图 8-74 所示。

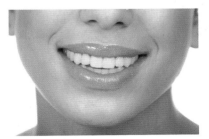

图 8-73　打开素材图像

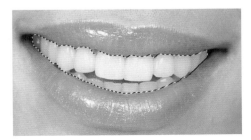

图 8-74　创建选区

> **提示**
>
> 按 Ctrl+Shift+[组合键，可以快速将当前图层移动至顶层，按 Ctrl+Shif+] 组合键可以快速将当前图层移动至底层，按 Ctrl+[组合键可以向下移动一层，按 Ctrl+] 组合键可以向上移动一层。

Step 02 在"图层"面板底部单击"创建新的填充或调整图层"按钮，在打开的下拉列表框中选择"色阶"选项，打开"属性"面板，设置参数如图 8-75 所示。设置完成后的照片效果如图 8-76 所示。

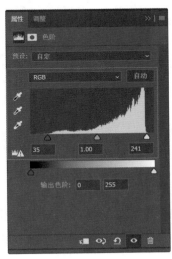

图 8-75　"属性"面板

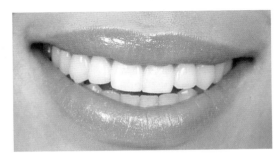

图 8-76　照片效果

Step 03 在"图层"面板下方单击"创建新的填充或调整图层"按钮，在打开的下拉列表框中选择"色彩平衡"选项，打开"属性"面板，设置各项参数如图 8-77 所示。

图 8-77　设置"色彩平衡"各项参数

图 8-78　最终照片效果

Step 04 设置完成后得到最终照片效果，如图 8-78 所示。

8.3.4　应用案例——美白肤色

源文件：源文件\第 8 章\美白肤色
视频：视频\第 8 章\美白肤色

Step 01 打开素材图像"源文件\第 8 章\素材\08.jpg"，如图 8-79 所示。使用"磁性套索工具"沿着人物面部创建选区，效果如图 8-80 所示。

图 8-79　打开素材图像

图 8-80　创建选区

> **提示**
>
> 　　在创建选区时，要将照片的显示比例放大，这样才能更精确地创建选区。如果选择的范围过大，按住 Alt 键并单击或拖动鼠标可减选。

Step 02 继续使用"磁性套索工具"，以"添加到选区"模式创建选区，如图 8-81 所示。新建"色阶"调整图层，在打开的"属性"面板中设置参数，如图 8-82 所示。照片效果如图 8-83 所示。

图 8-81　创建选区

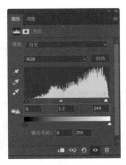
图 8-82　设置"色阶"参数

图 8-83　照片效果

Step03 新建"可选颜色"调整图层，在打开的"属性"面板中设置各项参数，如图 8-84 所示。最终照片效果如图 8-85 所示。

图 8-84　设置"可选颜色"各项参数

图 8-85　最终照片效果

8.4　人物皮肤的磨皮处理

在 Photoshop 中，磨皮就是处理人物皮肤的一个操作过程，将粗糙的皮肤处理得光滑细腻。

8.4.1　使用"表面模糊"滤镜柔化皮肤

"表面模糊"能使近似的颜色区域模糊，但如果两个颜色区域的颜色反差很大，那么它们的边界仍然会保持一定的清晰度，比较适合用来磨皮。执行"滤镜→模糊→表面模糊"命令，弹出"表面模糊"对话框，如图 8-86 所示。

8.4.2　应用案例——使用"表面模糊"滤镜对人物进行磨皮

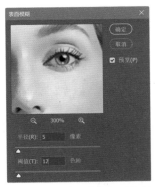
图 8-86　"表面模糊"对话框

源文件：源文件\第 8 章\使用"表面模糊"滤镜对人物进行磨皮
视频：视频\第 8 章\使用"表面模糊"滤镜对人物进行磨皮

Step01 打开素材图像 "源文件 \ 第 8 章 \ 素材 \09.jpg"，如图 8-87 所示。按 Ctrl+J 组合键复制 "背景" 图层，得到 "图层 1" 图层，"图层" 面板如图 8-88 所示。

Step02 执行 "滤镜→模糊→表面模糊" 命令，弹出 "表面模糊" 对话框，设置参数如图 8-89 所示。单击 "确定" 按钮，完成该对话框的设置，照片效果如图 8-90 所示。

图 8-87　打开素材图像　图 8-88　"图层" 面板　图 8-89　"表面模糊" 对话框　图 8-90　照片效果

Step03 使用 "污点修复画笔工具" 和 "修复画笔工具" 处理剩余的斑点，效果如图 8-91 所示。按住 Alt 键为该图层添加黑色蒙版，使用柔边画笔仔细涂抹人物脸部的斑点，如图 8-92 所示。

图 8-91　处理斑点效果　　　　　　图 8-92　涂抹蒙版效果

> **提示**
>
> 　　使用柔边画笔处理蒙版时切忌将笔刷尺寸设置得过大，只需略大于斑点的大小即可。涂抹时要注意避开颜色交界处，否则会削弱人物脸部的轮廓，丧失立体感。

Step04 按 Ctrl+Shift+Alt+E 组合键，使用 "减淡工具" 适当提亮眼球、眉骨和鼻头等高光部位，最终照片效果如图 8-93 所示，"图层" 面板如图 8-94 所示。

图 8-93　最终照片效果　　图 8-94　"图层" 面板

8.5 人物外形轮廓的修饰

优美健康的身材是每个人都向往和追求的，但在现实生活中却不能得偿所愿。而通过 Photoshop 就可以轻松对人物轮廓进行调整，达到完美的身材。

8.5.1 应用案例——快速打造修长美腿

源文件：源文件\第 8 章\快速打造修长美腿
视频：视频\第 8 章\快速打造修长美腿

Step01 打开素材图像"源文件\第 8 章\素材\10.jpg"，如图 8-95 所示。按 Ctrl+J 组合键复制"背景"图层，"图层"面板如图 8-96 所示。

Step02 执行"图像→画布大小"命令，弹出"画布大小"对话框，设置参数如图 8-97 所示。设置完成后单击"确定"按钮，照片效果如图 8-98 所示。

图 8-95 打开素材图像　图 8-96 "图层"面板　图 8-97 "画布大小"对话框　图 8-98 照片效果

Step03 隐藏"背景"图层，使用"矩形选框工具"创建选区，分别将膝盖和脚分离开来，效果如图 8-99 所示。

Step04 使用"矩形选框工具"分别框选大腿和小腿部分，按 Ctrl+T 组合键进行自由变换，按住 Shift 键将选区进行拉长，效果如图 8-100 所示。

图 8-99 分离膝盖和脚

图 8-100 拉长大腿和小腿部分

Step05 将分开的膝盖和脚拼合起来，效果如图 8-101 所示。再次复制"图层 1"图层，使用"矩形选框工具"框选画布下方的空白区域，执行"编辑→填充"命令，弹出"填充"对话框，设置参数如图 8-102 所示。最终照片效果如图 8-103 所示。

图 8-101　拼合腿部

图 8-102　"填充"对话框

图 8-103　最终照片效果

8.5.2　使用"液化"滤镜

"液化"滤镜是一个修饰图像和创建艺术效果的强大工具，该滤镜能够非常灵活地创建推拉、扭曲、旋转、收缩等变形效果，可以用来修改图像的任意区域。执行"滤镜→液化"命令，弹出"液化"对话框，选择右侧的"高级模式"复选框，将显示更多参数，如图 8-104 所示。

图 8-104　"液化"对话框

8.6　本章小结

本章主要介绍了如何使用 Photoshop 对照片中的人物照片进行修饰，美化面部、润色，以及外形和轮廓的修饰，通过本章的学习，读者应该熟练掌握人物修饰的基本方法，并应用到实际的工作中。

第 9 章
数码照片在网络中的应用技巧

　　网络已经成为年轻一代生活中必不可少的元素，有些人喜欢将自己的照片或资料上传到网络中，与其他人分享自己的快乐和生活。本章将讲解一些将照片上传到网络前的照片处理方法和技巧，从而得到更加满意的照片效果。

本章知识点

　　（1）掌握制作标准证件照的方法。
　　（2）掌握快速批处理照片的方法。
　　（3）掌握裁剪并拉直照片的方法。
　　（4）掌握制作全景照片的方法。
　　（5）掌握打造高清晰 HDR 照片的方法。
　　（6）掌握制作 PDF 演示文稿的方法。
　　（7）掌握制作 GIF 照片动画的方法。

9.1 制作标准证件照

　　在网络中，经常会用到电子版的标准证件照，如电子简历中需要证件照、注册网上商城也需要证件照，利用 Photoshop 软件可以非常简单地制作标准证件照。图 9-1 所示为制作所需的素材照片和制作效果。

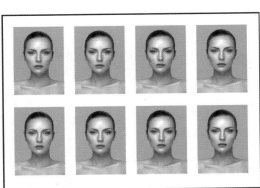

原始照片　　　　　　　　　　　　　　处理后的效果

图 9-1　照片效果

9.1.1　应用案例——制作标准证件照

源文件：源文件 \ 第 9 章 \ 制作标准证件照
视频：视频 \ 第 9 章 \ 制作标准证件照

Step01 打开素材图像"源文件 \ 第 9 章 \ 素材 \01.jpg"，如图 9-2 所示。单击工具箱中的"裁剪工具"按钮，在选项栏的下拉列表框中设置大小和分辨率，如图 9-3 所示。使用"裁剪工具"绘制裁剪框，如图 9-4 所示。

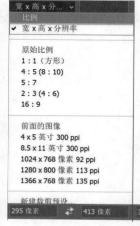

图 9-2　打开素材图像　　　　图 9-3　设置裁剪尺寸　　　　图 9-4　绘制裁剪框

> **提示**
>
> 　　证件照的尺寸不一，本实例制作的是 1 英寸证件照，尺寸标准是 25mm×35mm，在 5 英寸相纸（12.7 厘米×8.7 厘米）中排 8 张。此外，还有 2 英寸、3 英寸，以及一些特殊的出国签证证件照、毕业证证件照、身份证证件照等。

Step02 在工具栏中单击"提交当前裁剪操作"按钮，得到的照片效果如图 9-5 所示。按 Ctrl+J 组合键复制"背景"图层，得到"图层 1"图层，如图 9-6 所示。使用"钢笔工具"，设置"工具模式"为"路径"，沿着人物轮廓创建路径（不需要描头发），如图 9-7 所示。

图 9-5　裁剪照片　　　　图 9-6　"图层"面板　　　　图 9-7　创建路径

Step03 按 Ctrl+Enter 组合键将路径转换为选区，效果如图 9-8 所示。使用"快速选择工具"，按住 Shift 键并拖动鼠标，将头发和额头部分添加到当前选区中，效果如图 9-9 所示。执行"图层→图层蒙版→显示选区"命令，为该图层添加蒙版，"图层"面板如图 9-10 所示。

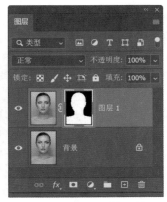

图 9-8　将路径转换选区　　　　图 9-9　调整选区　　　　图 9-10　"图层"面板

Step04 在"图层 1"下方新建图层，并填充颜色 RGB（40、205、255），照片效果如图 9-11 所示。选择"图层 1"图层，执行"图像→自动色调"命令，调整人物色调，最终照片效果如图 9-12 所示。

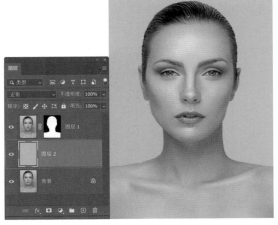

图 9-11　照片效果　　　　　　　图 9-12　最终照片效果

提示

直接单击"创建新图层"按钮，会在当前图层上方建立新图层，按住 Ctrl 键并单击"创建新图层"按钮，则会在当前图层下方创建新图层。

9.1.2　应用案例——为证件照排版

源文件：源文件\第9章\为证件照排版
视频：视频\第9章\为证件照排版

Step 01 接上一个案例，按 Ctrl+Shift+Alt+E 组合键，盖印可见图层，得到"图层3"图层，"图层"面板如图 9-13 所示。执行"文件→新建"命令，弹出"新建文档"对话框，设置参数如图 9-14 所示。设置完成后，单击"确定"按钮新建文档。

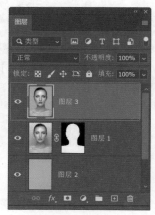

图 9-13　"图层"面板　　　　　　　　图 9-14　新建文档

Step 02 将盖印得到的"图层3"拖入到新建文档中，如图 9-15 所示。按住 Alt+Shift 组合键水平拖动复制照片，如图 9-16 所示，并按 Ctrl+E 组合键合并下方图层。

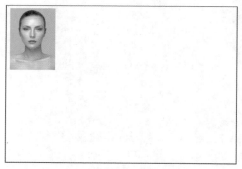

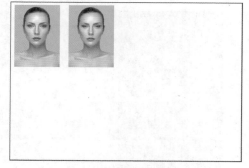

图 9-15　拖入照片　　　　　　　　　　图 9-16　复制照片

Step 03 使用相同的方法，复制并合并图层，效果如图 9-17 所示。再次复制并合并图层，照片排版效果如图 9-18 所示。

提示

这里新建的文档尺寸是 5 英寸相纸的标准尺寸，是打印证件照的标准相纸尺寸。一般来说，证件照的背景色有红底、蓝底和白底等，这里的背景色只是为了看起来更漂亮，并不是标准的蓝色底色。

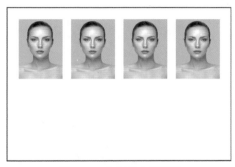

图 9-17　复制并合并图层

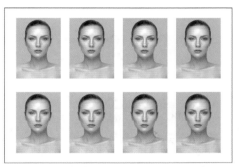

图 9-18　照片排版效果

9.2　快速批处理照片

如果想要对许多照片进行快速处理，如同时对上百张照片进行修改尺寸操作，这无疑是一件令人痛苦的事情。而使用 Photoshop 软件中自带的"批处理"功能，可以让该操作变得简单而又轻松。

"批处理"是 Photoshop 中的一个图像自动化处理功能，可以通过指定一个动作应用于多个目标文件，从而实现自动化处理的功能。执行"文件→自动→批处理"命令，弹出"批处理"对话框，如图 9-19 所示。

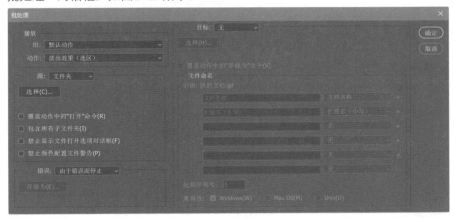

图 9-19　"批处理"对话框

应用案例——快速批处理照片

源文件：源文件 \ 第 9 章 \ 快速批处理照片

视频：视频 \ 第 9 章 \ 快速批处理照片

Step01 打开素材图像"源文件 \ 第 9 章 \ 素材 \0921\01.jpg"，如图 9-20 所示。执行"窗口→动作"命令，打开"动作"面板，单击"创建新组"按钮▣创建组，再单击

"创建新动作"按钮回，弹出"新建动作"对话框，设置参数如图 9-21 所示。

图 9-20 打开素材图像

图 9-21 "新建动作"对话框

Step02 单击"记录"按钮开始记录动作，如图 9-22 所示。执行"图像→调整→黑白"命令，保持默认参数设置，单击"确定"按钮，图像效果如图 9-23 所示。

图 9-22 录制动作

图 9-23 黑白图像

Step03 执行"图像→自动对比度"命令，图像效果如图 9-24 所示。单击"停止/播放记录"按钮停止录制，在"动作"面板中记录的动作如图 9-25 所示。

图 9-24 自动对比度效果

图 9-25 "动作"面板中记录的动作

提示

对于这张照片来说，调整为黑白图像后执行"自动对比度"命令并没有变化，但是对于一些效果朦胧的照片，如云彩、烟雾或光照而言，转换为黑白图像后可能会显得过灰，所以需要进一步调整照片的对比度。

Step 04 使用相同的制作方法，完成其他照片的制作。完成后执行"文件→自动→批处理"命令，弹出"批处理"对话框，如图 9-26 所示。设置相应的参数，单击"确定"按钮，执行"批处理"操作，打开"目标"所在的文件夹，照片效果如图 9-27 所示。

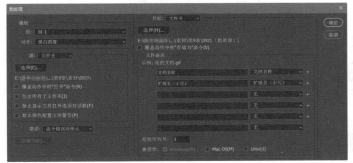

图 9-26　"批处理"对话框　　　　　　　　图 9-27　批处理后的照片效果

9.3　裁剪并拉直照片

　　"裁剪并拉直照片"命令通常用来裁剪使用扫描仪扫描到计算机中的图片。扫描仪虽然可以同时将多张照片扫描到计算机中，但却不具备分割照片的功能，使用 Photoshop 中的"裁剪并拉直照片"功能可以快速完成这项工作。图 9-28 所示为裁剪并拉直照片后的效果。

原始照片　　　　　　　　　　　处理后的效果

图 9-28　照片效果

　　打开一张照片，如图 9-29 所示。执行"文件→自动→裁剪并拉直照片"命令，Photoshop 自动将原照片裁剪成一个个单独的文件，如图 9-30 所示。

图 9-29　打开一张照片　　　　　　　　　　图 9-30　裁剪成单独照片的效果

9.4　制作全景照片

对于专业的摄影师来说，拍摄一张全景照片靠的是功能全面的相机。然而对于一般的摄影爱好者来说，他们没有这样的条件，往往所持有的相机也不具备拍摄全景的功能，不能够一次性完成拍摄，接下来将对如何创建全景图进行讲解。

Photomerge 命令可以将一系列数码照片自动拼成一幅全景图，利用该命令可对照片进行叠加和对齐操作。执行"文件→自动→ Photomerge"命令，弹出 Photomerge 对话框，在该对话框中可进行相应的设置，对全景图进行拼贴，如图 9-31 所示。

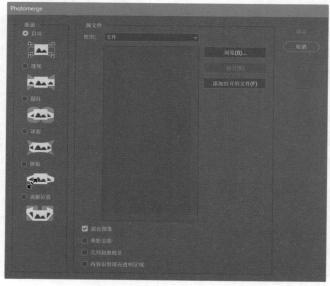

图 9-31　Photomerge 对话框

应用案例——使用 Photomerge 拼接全景照片

源文件：源文件＼第 9 章＼使用 Photomerge 拼接全景照片
视频：视频＼第 9 章＼使用 Photomerge 拼接全景照片

Step 01 打开素材图像"源文件＼第 9 章＼素材＼02.jpg、03.jpg 和 04.jpg"，如图 9-32
所示。

图 9-32　打开素材图像

Step 02 执行"文件→自动→Photomerge"命令，弹出 Photomerge 对话框，单击"浏
览"按钮，在弹出的对话框中添加刚刚打开的 3 张照片，如图 9-33 所示。单击"确定"
按钮，将照片进行拼接。按 Shift+Ctrl+Alt+E 组合键，盖印图层，得到"图层 1"图层，
"图层"面板如图 9-34 所示。

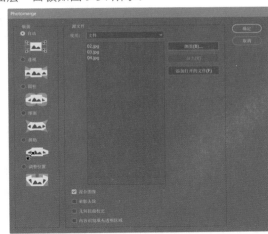

图 9-33　Photomerge 对话框

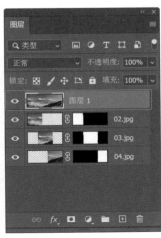

图 9-34　"图层"面板

Step 03 单击工具箱中的"裁剪工具"按钮，在画布中创建裁剪区域，如图 9-35
所示。

图 9-35　创建裁剪区域

Step04 将裁剪拼接后的瑕疵部分去除，完成最终照片的拼接，效果如图 9-36 所示。

图 9-36 最终照片的拼接效果

9.5 打造高清晰 HDR 照片

HDR 是来源于 CG 领域的一个名词，在 HDR 的帮助下，可以使用超出普通范围的颜色值渲染出更加真实的场景。HDR 照片亮的地方可以非常亮，暗的地方也可以非常暗，而且亮部与暗部的细节都很明显，而不会像照片曝光过度和欠曝一样。用户可以将 Photoshop 中的 HDR 照片理解为超高清照片。

执行"图像→调整→ HDR 色调"命令，弹出"HDR 色调"对话框，如图 9-37 所示。

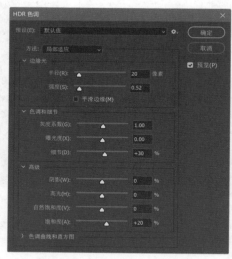

图 9-37 "HDR 色调"对话框

应用案例——通过"HDR 色调"命令打造高清晰 HDR 照片

源文件：源文件 \ 第 9 章 \ 通过"HDR 色调"命令打造高清晰 HDR 照片
视频：视频 \ 第 9 章 \ 通过"HDR 色调"命令打造高清晰 HDR 照片

Step01 打开素材图像"源文件 \ 第 9 章 \ 素材 \05.jpg"，如图 9-38 所示。执行"图像→调整→HDR 色调"命令，弹出"HDR 色调"对话框，在"预设"下拉列表框中选择"逼真照片"选项，如图 9-39 所示。

图 9-38　打开素材图像

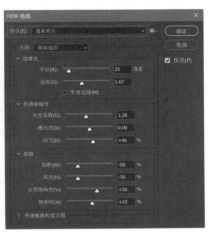

图 9-39　"HDR 色调"对话框

Step02 设置完成后单击"确定"按钮，照片效果如图 9-40 所示。单击"图层"面板中的"创建新的填充或调整图层"按钮，在打开的下拉列表框中选择"可选颜色"选项，打开"属性"面板，设置参数如图 9-41 所示。

图 9-40　照片效果

图 9-41　"属性"面板

提示

　　这张照片的主体是蝴蝶，绿色和洋红色相间的花是背景。为了不让背景喧宾夺主，这里使用"可选颜色"命令增加了绿色中的黑色，相当于降低了绿色的明度。这样一来，前景和背景的主次关系和空间感就能更好地体现出来。当然这一步骤也可以使用"色相/饱和度"命令完成。

Step03 设置完成后的"图层"面板如图 9-42 所示，照片效果如图 9-43 所示。

图 9-42　"图层"面板　　　　　　　　　　图 9-43　照片效果

9.6　PDF 演示文稿

　　PDF 格式是一种通用的文件格式，具有良好的跨媒体性。在不同类型的计算机和操作系统上都能够正常访问。而且还具有良好的电子文档搜索和导航功能，在实际工作中会经常使用。

　　执行"文件→自动→ PDF 演示文稿"命令，可以将图片文档自动转换成 PDF 格式，供用户使用。也可以将使用 Photoshop 制作的 PDF 文件和图片合并生成 PDF 文件。"PDF 演示文稿"对话框如图 9-44 所示。

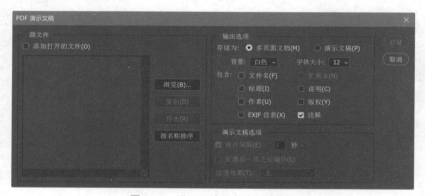

图 9-44　"PDF 演示文稿"对话框

应用案例——制作 PDF 演示文稿

源文件：源文件 \ 第 9 章 \ 制作 PDF 演示文稿
视频：视频 \ 第 9 章 \ 制作 PDF 演示文稿

Step 01 打开素材图像"源文件 \ 第 9 章 \ 素材 \0961\01.jpg、02.jpg、03.jpg"，如图 9-45 所示。

图 9-45　打开素材图像

Step 02 执行"文件→自动→ PDF 演示文稿",弹出"PDF 演示文稿"对话框,选择"添加打开的文件"复选框,系统将自动添加所打开的文件。设置参数如图 9-46 所示。单击"存储"按钮,弹出"存储 Adobe PDF"对话框,如图 9-47 所示。

图 9-46　设置"PDF 演示文稿"对话框中的参数

图 9-47　"存储 Adobe PDF"对话框

Step 03 预览存储好的文件时会弹出"是否进入全屏模式"对话框,如图 9-48 所示。单击"是"按钮,进入全屏模式,如图 9-49 所示。

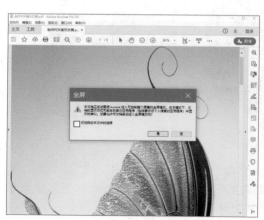

图 9-48　询问是否进入全屏模式

图 9-49　预览效果

9.7　制作 GIF 照片动画

GIF 动画既可作为网站中的页面元素使用，也可以为个人照片添加特效效果，从而使原本呆滞的页面或照片变得更加生动、丰富多彩。

动画是在一段时间内显示的一系列图像或帧，每一帧较前一帧都有轻微的变化，当连续、快速地显示这些帧时，就会产生运动或其他变化的错觉。执行"窗口→时间轴"命令，打开"时间轴"面板，如图 9-50 所示。

图 9-50　"帧时间轴"面板

9.8　联系表 II

联系表可以将同一个目录下的图像提取出来，以缩览图的方式排列在页面中，并显示相应的图像信息，产生预览图的效果。

　　用户可以执行"文件→自动→联系表 II"命令来调用该功能。执行命令后系统自动弹出"联系表 II"对话框，如图 9-51 所示。

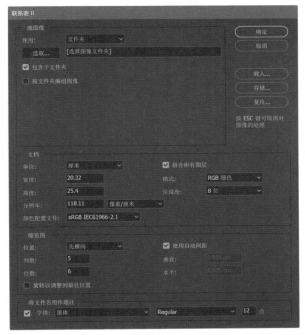

图 9-51　"联系表 II"对话框

提示
　　联系表主要用于将大量图片以缩略图的形式排列在文档中，日常工作中主要用于预览图像。它可以对图片进行标注，也可以用来制作通讯录等方便联系。

9.9　本章小结

　　本章为读者讲解了网络照片的基本处理方法，通过本章的学习，读者可以掌握标准证件照片、GIF 动画、照片批处理、高清 HDR 照片等的制作方法。通过这些方法的学习，读者可以对批处理、裁剪并拉直照片、HDR 色调等命令有更加具体的了解。

第 10 章
数码照片的特效处理

　　滤镜可以为图像添加许多神奇的效果，滤镜操作起来虽然简单，但是真正能够使用得恰如其分却很难。通常滤镜需要配合通道、蒙版等操作，才能得到更自然的艺术效果。

　　本章中主要对滤镜库中各种滤镜命令的使用和设置进行讲解，并且通过各种实例，如应用滤镜为数码照片添加特效，以及制作天气和气氛特效等，详细而系统地介绍了如何使用滤镜的相关功能，以及应用滤镜的方法和技巧。

本章知识点

　　(1) 认识滤镜库
　　(2) 掌握"风格化"滤镜组的使用方法。
　　(3) 掌握"画笔描边"滤镜组的使用方法。
　　(4) 掌握"扭曲"滤镜组的使用方法。
　　(5) 掌握"素描"滤镜组的使用方法。
　　(6) 掌握"纹理"滤镜组的使用方法。
　　(7) 掌握"艺术滤镜"滤镜组的使用方法。
　　(8) 掌握模糊滤镜的使用方法。
　　(9) 掌握其他滤镜的使用方法。

10.1　滤镜库的应用和设置

　　滤镜库中提供了各种特殊滤镜效果的预览，并且还可以应用多个滤镜、打开或关闭滤镜的效果、复位滤镜的选项，以及更改应用滤镜的顺序等操作。如果用户对预览效果满意，则可以将它应用于数码照片中。需要注意的是，滤镜库中并不提供"滤镜"菜单下的所有滤镜命令。

10.1.1　认识滤镜库

　　滤镜库中包含了 6 组效果滤镜，分别为"风格化"滤镜组、"画笔描边"滤镜组、"扭曲"滤镜组、"素描"滤镜组、"纹理"滤镜组和"艺术效果"滤镜组，如图10-1 所示。

图 10-1　滤镜组列表

执行"滤镜→滤镜库"命令，弹出"滤镜库"对话框，如图 10-2 所示。在该对话框中用户可以展开每个滤镜组下的滤镜，并选择相应的滤镜命令，在右侧的参数区中可以对滤镜进行设置。

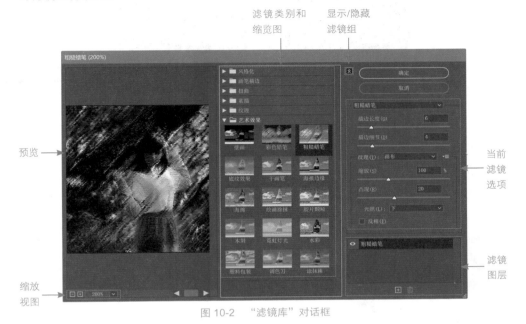

图 10-2　"滤镜库"对话框

10.1.2　"风格化"滤镜组

滤镜库的"风格化"滤镜组中只有一个"照亮边缘"滤镜，该滤镜可快速描绘照片中图像的轮廓，用户可通过调整轮廓的宽度、亮度等参数制作出类似霓虹灯的效果，如图 10-3 所示。

原始照片

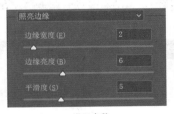
设置参数

照片效果

图 10-3　应用"照亮边缘"滤镜

"边缘宽度"用来设置边缘发光的宽度，数值越大，发光的范围越大，如图 10-4 所示。"边缘亮度"用于设置边缘发光的亮度。设置的数值越大，发光的强度越大。"平滑度"用于设置边缘发光的平滑程度。

边缘宽度为 2   边缘宽度为 6

图 10-4 设置不同的边缘宽度后的效果

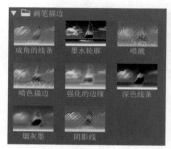

图 10-5 "画笔描边"滤镜组

10.1.3 "画笔描边"滤镜组

"画笔描边"滤镜组通过模拟不同的画笔或油墨笔刷来设置图像，使图像产生各种不同的绘画效果。单击"画笔描边"滤镜组名称，在打开的列表框中包括 8 种滤镜，分别为"成角的线条"滤镜、"墨水轮廓"滤镜、"喷溅"滤镜、"喷色描边"滤镜、"强化的边缘"滤镜、"深色线条"滤镜、"烟灰墨"滤镜和"阴影线"滤镜，如图 10-5 所示。

应用不同滤镜后的图像效果如图 10-6 所示。

成角的线条   墨水轮廓   喷溅   喷色描边

强化的边缘   深色线条   烟灰墨   阴影线

图 10-6 "画笔描边"滤镜组效果

10.1.4 "扭曲"滤镜组

"扭曲"滤镜组中包括玻璃、海洋波纹和扩散亮光 3 个滤镜，如图 10-7 所示。

图 10-7   "扭曲"滤镜组

应用不同滤镜后的图像效果如图 10-8 所示。

 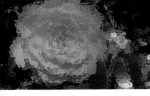 

玻璃　　　　　　　　　　　　海洋波纹　　　　　　　　　　　扩散亮光

图 10-8   "扭曲"滤镜组效果

10.1.5 应用案例——使用"玻璃"滤镜打造个性玻璃效果

源文件：源文件 \ 第 10 章 \ 使用"玻璃"滤镜打造个性玻璃效果
视频：视频 \ 第 10 章 \ 使用"玻璃"滤镜打造个性玻璃效果

Step01 执行"文件→打开"命令，打开素材图像"源文件 \ 第 10 章 \ 素材 \01.jpg"，如图 10-9 所示。按 Ctrl+J 组合键复制"背景"图层，得到"图层 1"图层，执行"图像→调整→色彩平衡"命令，在弹出的"色彩平衡"对话框中设置参数，如图 10-10 所示。

 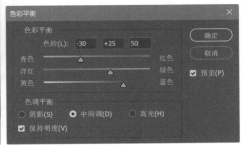

图 10-9   打开素材图像　　　　　　　　　　图 10-10   "色彩平衡"对话框

Step02 单击"确定"按钮，得到照片效果如图 10-11 所示。执行"滤镜→模糊→高斯模糊"命令，在弹出的"高斯模糊"对话框中设置参数，如图 10-12 所示。

图 10-11　照片效果　　　　　　　　　　　　图 10-12　"高斯模糊"对话框

Step 03 单击"确定"按钮，执行"滤镜→滤镜库"命令，在弹出的对话框中展开"扭曲"滤镜组，选择"玻璃"滤镜并设置参数值，如图 10-13 所示。设置完成后单击"确定"按钮，得到的照片效果如图 10-14 所示。

图 10-13　设置"玻璃"滤镜的参数值　　　　　　　　　图 10-14　照片效果

Step 04 使用"矩形选框工具"在画布中创建选区，效果如图 10-15 所示。单击"图层"面板底部的"添加图层蒙版"按钮，为其添加图层蒙版，效果如图 10-16 所示。

图 10-15　创建选区　　　　　　　　　　　　图 10-16　添加图层蒙版效果

Step 05 新建图层，使用"矩形选框工具"创建选区并填充任意颜色，如图 10-17 所示。按 Ctrl+D 组合键取消选区，双击该图层缩览图，在"图层样式"对话框中选择"渐变叠加"复选框设置参数，如图 10-18 所示。

Step 06 设置完成后单击"确定"按钮，修改图层的"填充"为 0%，"不透明度"为 70%，"图层"面板如图 10-19 所示。最终照片效果如图 10-20 所示。

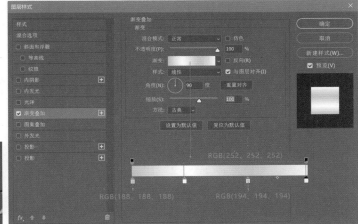

图 10-17　创建选区并填充颜色　　　　　图 10-18　设置"渐变叠加"图层样式

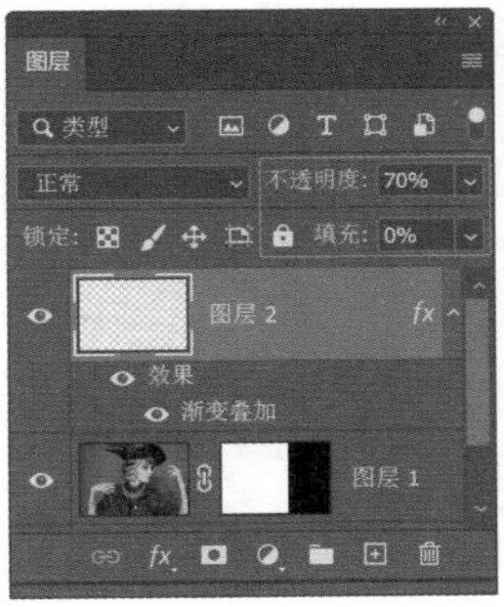

图 10-19　"图层"面板 　　　　　图 10-20　最终照片效果

10.1.6　"素描"滤镜组

"素描"滤镜组中包括 14 种滤镜，分别为"半调图案"滤镜、"便条纸"滤镜、"粉笔和炭笔"滤镜、"铬黄渐变"滤镜、"绘图笔"滤镜、"基底凸现"滤镜、"石膏效果"滤镜、"水彩画纸"滤镜、"撕边"滤镜、"炭笔"滤镜、"炭精笔"滤镜、"图章"滤镜、"网状"滤镜和"影印"滤镜，如图 10-21 所示。

图 10-21　"素描"滤镜组

应用不同滤镜后的图像效果如图 10-22 所示。

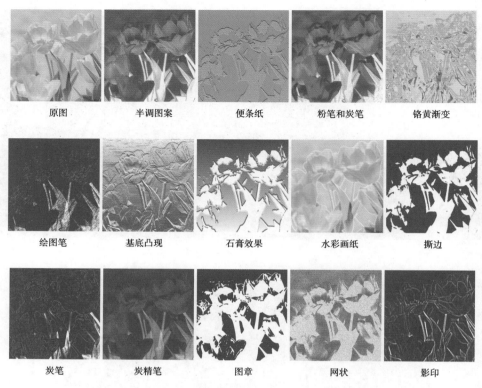

图 10-22 "素描"滤镜组效果

10.1.7 应用案例——制作照片手绘素描效果

> 源文件：源文件 \ 第 10 章 \ 制作照片手绘素描效果
> 视频：视频 \ 第 10 章 \ 制作照片手绘素描效果

Step 01 打开素材图像"源文件 \ 第 10 章 \ 素材 \02.jpg"，如图 10-23 所示。执行"图像→调整→去色"命令，将图像去色，照片效果如图 10-24 所示。按 Ctrl+J 组合键复制"背景"图层，得到"图层 1"图层，"图层"面板如图 10-25 所示。

图 10-23　打开素材图像　　　　图 10-24　照片去色效果　　　　图 10-25　"图层"面板

提示

　　本案例在制作时用到了两个素材图像,执行"文件→打开"命令,在弹出的"打开"对话框中按 Shift 键选中两张图像,单击"打开"按钮,可直接一次打开两张图像。

　　Step 02 执行"图像→调整→反相"命令,照片效果如图 10-26 所示。设置"图层 1"的"混合模式"为"颜色减淡","图层"面板如图 10-27 所示。执行"滤镜→其他→最小值"命令,在弹出的"最小值"对话框中设置参数,效果如图 10-28 所示。

　　　图 10-26　反相效果　　　　　图 10-27　"图层"面板　　图 10-28　"最小值"对话框

　　Step 03 设置完成后单击"确定"按钮,照片效果如图 10-29 所示。按 Shift+Ctrl+Alt+E 组合键盖印可见图层,得到"图层 2"图层,"图层"面板如图 10-30 所示。打开素材图像"源文件 \ 第 10 章 \ 素材 \03.jpg",如图 10-31 所示。

　　　图 10-29　照片效果　　　　　图 10-30　"图层"面板　　　图 10-31　打开素材图像

　　Step 04 切换到"02.jpg"文档中,选择"图层 2"图层,执行"图层→复制图层"命令,在弹出的"复制图层"对话框中进行相应的设置,如图 10-32 所示。

　　Step 05 设置完成后单击"确定"按钮,切换到"03.jpg"文档中,选择"图层 1"图层,设置该图层的"混合模式"为"正片叠底",照片效果如图 10-33 所示。

图 10-32　"复制图层"对话框

　　Step 06 按 Ctrl+T 组合键,适当调整照片的角度和位置,效果如图 10-34 所示。为"图层 1"图层添加图层蒙版,使用黑色画笔在画布中不需要的区域适当涂抹,最终照片效果如图 10-35 所示。

图 10-33　照片效果

图 10-34　调整照片的角度和位置

图 10-35　最终照片效果

10.1.8　"纹理"滤镜组

"纹理"滤镜组中的各个滤镜主要用于为数码照片添加各种纹理质感效果，单击"纹理"滤镜组名称，在打开的列表中包括 6 种滤镜，分别为"龟裂缝"滤镜、"颗粒"滤镜、"马赛克拼贴"滤镜、"拼缀图"滤镜、"染色玻璃"滤镜和"纹理化"滤镜，如图 10-36 所示。

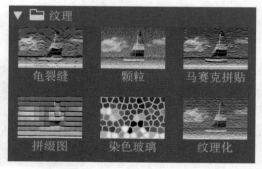

图 10-36　"纹理"滤镜组

应用不同滤镜后的图像效果如图 10-37 所示。

龟裂缝　　　　　　　　　颗粒　　　　　　　　马赛克拼贴

拼缀图　　　　　　　　染色玻璃　　　　　　　　纹理化

图 10-37　"纹理"滤镜组效果

10.1.9 "艺术效果"滤镜组

"艺术效果"滤镜组用于在美术或商业项目中制作绘画效果或艺术效果，使用该滤镜组中的滤镜命令，可使一幅平淡无奇的照片变成具有艺术风格的作品。Photoshop 中提供了 15 种艺术效果，分别为"壁画"滤镜、"彩色铅笔"滤镜、"粗糙蜡笔"滤镜、"底纹效果"滤镜、"干画笔"滤镜、"海报边缘"滤镜、"海绵"滤镜、"绘画涂抹"滤镜、"胶片颗粒"滤镜、"木刻"滤镜、"霓虹灯光"滤镜、"水彩"滤镜、"塑料包装"滤镜、"调色刀"滤镜和"涂抹棒"滤镜，如图 10-38 所示。

图 10-38　"艺术效果"滤镜组

应用不同滤镜后的图像效果如图 10-39 所示。

图 10-39　"艺术效果"滤镜组效果

10.1.10　应用案例——使用"绘画涂抹"滤镜制作仿油画效果

源文件：源文件 \ 第 10 章 \ 使用"绘画涂抹"滤镜制作仿油画效果
视频：视频 \ 第 10 章 \ 使用"绘画涂抹"滤镜制作仿油画效果

Step01 打开素材图像"源文件 \ 第 10 章 \ 素材 \ 04.jpg"，如图 10-40 所示。按 Ctrl+J
组合键复制"背景"图层，得到"图层 1"图层，"图层"面板如图 10-41 所示。

图 10-40　打开素材图像　　　　　　　　　　图 10-41　"图层"面板

Step 02 执行"滤镜→滤镜库"命令，在弹出的对话框展开"艺术效果"滤镜组，选择"水彩"滤镜并设置参数，如图 10-42 所示。设置完成后单击"确定"按钮，照片效果如图 10-43 所示。执行"滤镜→杂色→中间值"命令，在弹出的"中间值"对话框中设置参数，如图 10-44 所示。

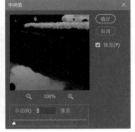

图 10-42　设置"水彩"滤镜参数　　　　图 10-43　照片效果 1　　　　图 10-44　"中间值"对话框

Step 03 单击"确定"按钮，得到的照片效果如图 10-45 所示。执行"滤镜→滤镜库"命令，在弹出的对话框展开"艺术效果"滤镜组，选择"绘画涂抹"滤镜并设置参数，如图 10-46 所示。

图 10-45　照片效果 2　　　　　　图 10-46　设置"绘画涂抹"滤镜参数

Step 04 设置完成后单击"确定"按钮，照片效果如图 10-47 所示。设置"图层 1"的"混合模式"为"滤色"，"不透明度"值为 75%，效果如图 10-48 所示。

图 10-47　照片效果 3　　　　　　　　　　　　　图 10-48　滤色效果

Step05 按 Ctrl+J 组合键复制"图层 1"图层，得到"图层 1 拷贝"图层，"图层"面板如图 10-49 所示。执行"滤镜→其他→高反差保留"命令，在弹出的"高反差保留"对话框中设置参数，如图 10-50 所示。单击"确定"按钮，照片效果如图 10-51 所示。

图 10-49　"图层"面板　图 10-50　"高反差保留"对话框　　　图 10-51　照片效果 4

Step06 复制"图层 1"图层，得到"图层 1 拷贝 2"图层，将该图层移至顶层，并设置"混合模式"为"叠加"，照片效果如图 10-52 所示。按 Shift+Ctrl+Alt+E 组合键盖印图层，得到"图层 2"图层，"图层"面板如图 10-53 所示。

图 10-52　照片效果 5　　　　　　　　　　图 10-53　"图层"面板

Step07 执行"滤镜→滤镜库"命令，在弹出的对话框展开"纹理"滤镜组，选择"纹理化"滤镜并设置参数，如图 10-54 所示。单击"确定"按钮，照片效果如图 10-55 所示。

图 10-54 设置"纹理化"滤镜参数 　　　　图 10-55 照片效果 6

10.2 模糊滤镜

　　摄影师拍摄一张好的数码照片，通常会受到许多主观或客观因素的影响，换言之，一张出色的风景照片不仅仅取决于摄影师过硬的技术，天气环境的变化也是重要因素，因此，就不可能随时随地捕捉大自然。接下来将讲解如何制作天气和气氛的特效，以弥补拍摄时遗留的不足与遗憾。

10.2.1 径向模糊

　　"径向模糊"滤镜可以模拟缩放或旋转相机所产生的一种柔化的模糊效果。打开一张图像，如图 10-56 所示。执行"滤镜→模糊→径向模糊"命令，弹出"径向模糊"对话框，如图 10-57 所示。

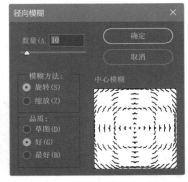

图 10-56 打开图像 　　　　图 10-57 "径向模糊"对话框

　　模糊方法包括"旋转"和"缩放"两种方法。选中"旋转"单选按钮，照片会沿同心圆环产生选择的模糊效果，如图 10-58 所示；选中"缩放"单选按钮，照片会产生放射状的模糊效果，如图 10-59 所示。

图 10-58　旋转模糊　　　　　　　　　　图 10-59　缩放模糊

　　在预览窗口中单击拖动鼠标，即可指定模糊的中心点，中心点不同，模糊的效果也不同，如图 10-60 所示。

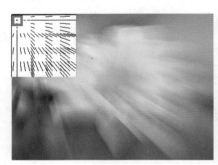

图 10-60　设置模糊中心点

10.2.2　应用案例——制作照片光照效果

源文件：源文件 \ 第 10 章 \ 制作照片光照效果
视频：视频 \ 第 10 章 \ 制作照片光照效果

Step 01 打开素材图像"源文件 \ 第 10 章 \ 素材 \05.jpg"，如图 10-61 所示。执行"窗口→通道"命令，打开"通道"面板，选择"红"通道，按住 Ctrl 键并单击"红"通道缩览图，载入通道选区，如图 10-62 所示。

图 10-61　打开素材图像　　　　　　　　图 10-62　载入选区

Step02 选择 RGB 通道，打开"图层"面板，按 Ctrl+J 组合键复制选区内容，得到"图层 1"图层，"图层"面板如图 10-63 所示。执行"滤镜→模糊→径向模糊"命令，在弹出的"径向模糊"对话框中设置参数，如图 10-64 所示。

图 10-63　"图层"面板

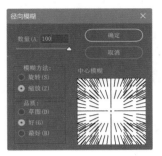
图 10-64　"径向模糊"对话框

Step03 设置完成后单击"确定"按钮，执行"图像→调整→去色"命令，将图像去色，效果如图 10-65 所示。按 Ctrl+M 组合键，弹出"曲线"对话框，设置参数如图 10-66 所示。

图 10-65　去色效果

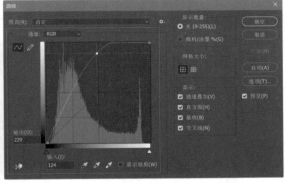
图 10-66　"曲线"对话框

Step04 单击"确定"按钮，完成相应的设置，效果如图 10-67 所示。为"图层 1"图层添加蒙版，并使用黑色画笔将人物涂抹出来，效果如图 10-68 所示。

图 10-67　图像效果

图 10-68　涂抹蒙版

Step05 新建"亮度/对比度"调整图层，在打开的"属性"面板中进行相应的设置，如图 10-69 所示。设置完成后关闭"属性"面板，最终图像效果如图 10-70 所示。

图 10-69 设置"亮度/对比度"参数   图 10-70 最终图像效果

10.2.3 场景模糊

"场景模糊"滤镜可以在图像中应用一致模糊或渐变模糊，从而使画面中产生一定的景深效果。

执行"滤镜→模糊画廊→场景模糊"命令后，不会弹出对话框，而是在界面右侧出现两个选项面板，并在界面上方出现一个选项栏，如图 10-71 所示的界面。

图 10-71 场景模糊界面

选择"将蒙版存储到通道"复选框，可以将模糊蒙版存储到"通道"面板中，如图 10-72 所示。

图 10-72 模糊效果与存储模糊蒙版

　　用户可以在画面中的不同区域单击添加图钉，并为每个图钉应用不同的模糊量，从而实现平滑的渐变模糊效果。使用鼠标拖动图钉可移动其位置，按 Delete 键可删除当前选中的图钉。将鼠标放置在外围的圆环上，并沿着圆环顺时针或逆时针拖动鼠标可增加或减小模糊量，如图 10-73 所示。

　　"模糊"复选框用于控制图钉所在区域图像的模糊量，取值范围为 0 ～ 500 像素，设置的参数值越高，画面的模糊程度越高，如图 10-74 所示。

图 10-73 减小模糊量　　　　　　　　　　　　　图 10-74 模糊数量为 10

　　"光源散景"用于控制模糊部位的高光量，设置的数值越大高光越强，数值越小高光越弱，如图 10-75 所示。

　　"散景颜色"用于控制光源散景颜色的饱和度，如果"光源散景"设置为 0，则调整该项参数不起作用。设置的参数越高，散景颜色的饱和度越高，如图 10-76 所示。

　　"光照范围"用于控制散景出现处的光照范围，默认值为 0 ～ 255，即从黑色到白色，如果"光源散景"设置为 0，调整该项参数不起作用。参数设置与作用方法与色阶类似，图 10-77 所示为将"光照范围"设置为 180 ～ 255 的图像效果。

图 10-75 光源散景　　　　　　　图 10-76 散景颜色　　　　　　　图 10-77 光照范围

10.2.4 光圈模糊

光圈模糊与场景模糊的不同之处在于，场景模糊定义了图像中多个点之间的平滑模糊；而光圈模糊则定义了一个椭圆形区域内模糊效果从一个聚焦点向四周递增的规则。

执行"滤镜→模糊画廊→光圈模糊"命令，打开如图 10-78 所示的界面。

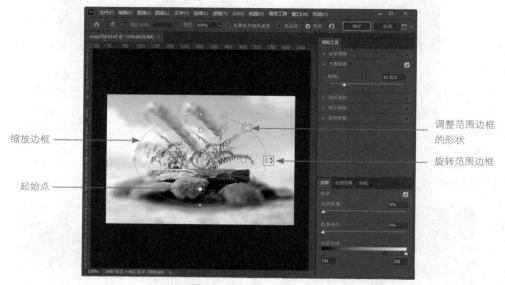

图 10-78　光圈模糊界面

将鼠标置于模糊范围边框上较大的方形控制点上向外拖曳，最终可以得到方形的范围边框，如图 10-79 所示。

将鼠标置于模糊范围边框上较小的方形控制点上，待指针变为 时拖动鼠标，可不等比例地旋转边框，如图 10-80 所示。

图 10-79　调整边框形状

图 10-80　旋转边框

起始点可用于定义模糊，4 个起始点到图钉之间的区域完全聚焦，起始点到边框之间的范围模糊程度逐步递增，边框之外的区域完全被模糊。用户可以通过拖动 4 个点来调整模糊开始的区域，如图 10-81 所示。按住 Alt 键并拖动鼠标可调整单个点的位置，如图 10-82 所示。

图 10-81　调整模糊起点

图 10-82　调整单个起点

将鼠标放置在边框上，待鼠标指针变为  状时拖动鼠标，可等比例缩放模糊范围，模糊的起始点也会随着变化，如图 10-83 所示。

原图

放大模糊范围

图 10-83　缩放边框

10.2.5　应用案例——打造唯美的小景深效果

源文件：源文件 \ 第 10 章 \ 打造唯美的小景深效果
视频：视频 \ 第 10 章 \ 打造唯美的小景深效果

Step01 打开素材图像"源文件 \ 第 10 章 \ 素材 \06.jpg"，如图 10-84 所示。复制"背景"图层，得到"图层 1"图层，"图层"面板如图 10-85 所示。

图 10-84　打开素材图像

图 10-85　"图层"面板

Step02 执行"滤镜→模糊画廊→光圈模糊"命令，在打开的界面中将图钉移动到合适的位置，如图 10-86 所示。在"模糊工具"面板中设置"模糊"值为 25 像素，单击"确定"按钮，图像效果如图 10-87 所示。

图 10-86 光圈模糊

图 10-87 图像效果

Step03 执行"滤镜→镜头校正"命令，在弹出的对话框中设置参数，如图 10-88 所示。设置完成后单击"确定"按钮，最终图像效果如图 10-89 所示。

图 10-88 设置镜头校正参数

图 10-89 最终图像效果

10.3 其他滤镜

滤镜是 Photoshop 中创建特殊效果的有力工具，一直以来备受各行各业的人所青睐。接下来将对 Photoshop 中的一些特效滤镜进行详解。

10.3.1 自适应广角

"自适应广角"滤镜是用于校正图像中广角失真的滤镜命令。该命令允许用户根据相机和镜头型号自动对图像应用校正参数，或自定义调整参数。

执行"滤镜→自适应广角"命令，或直接按 Alt+Shift+Ctrl+A 组合键，弹出"自适应广角"对话框，如图 10-90 所示。该对话框中提供了丰富的参数选项和工具，方便用户根据不同的情况调整使用。

图 10-90　"自适应广角"对话框

10.3.2　Camera Raw 滤镜

Camera Raw 是与 Photoshop 捆绑安装的一款专业调色软件。在之前版本的 Photoshop 中，用户需要打开 Adobe Bridge，然后再从 Adobe Bridge 中启动 Camera Raw。在 Photoshop CC 2023 中，用户可以直接将 Camera Raw 作为滤镜来使用。

执行"滤镜→ Camera Raw 滤镜"命令，或直接按 Sift+Ctrl+A 组合键，弹出 Camera Raw 对话框，如图 10-91 所示。

图 10-91　Camera Raw 对话框

10.3.3 镜头校正

拍摄照片时，有时可能会受设备本身或拍摄角度的影响，导致图像出现不同程度的扭曲。使用"镜头校正"滤镜不仅可以使用系统预置的校正参数对图像进行自动校正，还可以根据需求自定义调整参数。"镜头校正"对话框中的参数排列很直观，读者可以很容易掌握调整方法。

执行"滤镜→镜头校正"命令，或直接按 Ctrl+Shift+R 组合键，弹出"镜头校正"对话框，如图 10-92 所示。选择"自定"选项卡，也可以自定义参数，如图 10-93 所示。

镜头校正工具

图 10-92　"镜头校正"对话框的"自动校正"选项卡　　　图 10-93　"自定"选项卡

10.3.4 应用案例——校正照片镜头扭曲

源文件：源文件\第10章\校正照片镜头扭曲
视频：视频\第10章\校正照片镜头扭曲

图 10-94　打开素材图像

Step 01 打开素材图像"源文件\第10章\素材\07.jpg"，如图 10-94 所示。按 Ctrl+J 组合键复制"背景"图层，执行"滤镜→镜头校正"命令，在弹出的"镜头校正"对话框中进行相应的设置，如图 10-95 所示。

图 10-95　"镜头校正"对话框

Step02 设置完成后单击"确定"按钮，照片效果如图 10-96 所示。使用"仿制图章工具"修复照片边缘不自然的区域，效果如图 10-97 所示。

图 10-96　照片效果

图 10-97　修补效果

Step03 执行"图像→自动色调"命令，照片效果如图 10-98 所示。按 Ctrl+U 组合键，在弹出的"色相/饱和度"对话框中设置参数，如图 10-99 所示。

图 10-98　自动色调效果

图 10-99　"色相/饱和度"对话框

Step 04 设置完成后得到的照片效果如图 10-100 所示。执行"滤镜→锐化→ USM 锐化"命令，在弹出的"USM 锐化"对话框中进行相应的设置，效果如图 10-101 所示。

图 10-100　照片效果

图 10-101　"USM 锐化"对话框

Step 05 设置完成后得到最终照片效果，如图 10-102 所示。

图 10-102　最终照片效果

10.3.5　油画

使用"油画"滤镜可以快速将普通的图像处理成具有经典油画风格的画作，使用"油画"滤镜不会像其他滤镜一样对图像产生太大的影响，所以使用该命令处理的图像效果非常自然。

执行"滤镜→风格化→油画"命令，弹出"油画"对话框，如图 10-103 所示。用户可以通过调整各个参数来控制油画生成的效果，如图 10-104 所示。

图 10-103　"油画"对话框

图 10-104　油画效果

10.4　本章小结

　　本章主要对"滤镜库"的使用方法进行了系统介绍。通过"滤镜库"的使用，能够制作出照片的特殊效果，在制作过程中读者应掌握滤镜的应用及使用方法和技巧，针对图像的不同特点，制作出不同风格的效果。

第 11 章
以假乱真的合成技术

　　图像合成是 Photoshop 最擅长的功能之一，借助该软件专业的工具和调色命令，用户可对数码照片进行自由合成，并通过合成来表达设计者的创意。

　　本章将以如何对数码照片进行各种不同类型的趣味合成为核心，通过实例的制作，带领读者学习多种不同风格效果的合成技巧。

本章知识点

（1）掌握合成天鹅湖的制作方法。
（2）掌握合成盛夏光年的制作方法。
（3）掌握合成绚丽花旦的制作方法。

11.1　合成天鹅湖

　　本案例主要使用一些零散的素材合成完整的画面，通过各种调色命令来调整个别素材的色调，使其与整体色调更协调，最终效果如图 11-1 所示。

图 11-1　最终图像效果和所需素材

源文件：源文件 \ 第 11 章 \ 合成天鹅湖
视频：视频 \ 第 11 章 \ 合成天鹅湖

Step 01 执行"文件→新建"命令，新建一个空白文档，如图 11-2 所示。执行"文件→打开"命令，打开素材图像"源文件 \ 第 11 章 \ 素材 \01.jpg"，将其拖入设计文档，适当调整位置和大小，如图 11-3 所示。

图 11-2　新建文档　　　　　　　　　　　　　　图 11-3　拖入素材图像

Step02 使用相同的方法拖入素材图像"源文件 \ 第 11 章 \ 素材 \02.jpg"，适当调整其大小和位置，如图 11-4 所示。为该图层添加图层蒙版，使用黑白线性渐变填充画布，如图 11-5 所示。

图 11-4　拖入素材图像并调整大小和位置　　　　　图 11-5　处理蒙版

Step03 按 Ctrl+J 组合键复制"图层 2"图层，删除图层蒙版，将其适当向下移动，如图 11-6 所示。使用柔边的"橡皮擦工具"擦除水波之外的部分，效果如图 11-7 所示。

图 11-6　复制并移动图层　　　　　　　　　　　图 11-7　擦除图像

提示

用户也可以不删除图层蒙版，直接使用蒙版遮盖水波之外的部分，然后打开"属性"面板，单击"启用蒙版"按钮。

Step04 使用相同的方法复制出其他的水波，将空白区域铺满，效果如图 11-8 所示。将素材图像"源文件 \ 第 11 章 \ 素材 \03.png"拖入设计文档，适当调整其大小和位置，效果如图 11-9 所示。

图 11-8 制作水波 　　　　　　　　　　　　　图 11-9 拖入素材图像

Step05 为该图层添加蒙版，使用黑色柔边画笔适当涂抹画布，遮盖不需要的部分，如图 11-10 所示。单击"图层"面板底部的"创建新的填充或调整图层"按钮，在打开的下拉列表框中选择"色相/饱和度"选项，弹出"属性"面板，设置如图 11-11 所示。

图 11-10 处理蒙版 　　　　　　　　　图 11-11 设置"色相/饱和度"参数

Step06 设置完成后关闭"属性"面板，得到的天鹅图像效果如图 11-12 所示。使用相同的方法对其他素材进行处理，图像效果如图 11-13 所示。

Step07 使用"矩形选框工具"框选飞鸟，如图 11-14 所示，按住 Alt 键拖动复制选区内图像，并适当调整其大小，如图 11-15 所示。使用相同的方法复制出其他飞鸟，如图 11-16 所示。

图 11-12　天鹅图像效果

图 11-13　图像效果 1

图 11-14　选框飞鸟　图 11-15　复制飞鸟并调整大小

图 11-16　图像效果 2

Step08 执行"文件→打开"命令，打开素材图像"源文件 \ 第 11 章 \ 素材 \06.jpg"，如图 11-17 所示。使用"魔棒工具"单击白色背景将其选中，效果如图 11-18 所示。

图 11-17　打开素材图像

图 11-18　选取背景

Step09 执行"选择→反向"命令反转选区，将选区中的竹子拖入设计文档，适当调整位置，并为"图层 6"添加图层蒙版，使用黑色柔边画笔适当涂抹画布，遮盖多余的部分，效果如图 11-19 所示。"图层"面板如图 11-20 所示。

图 11-19　拖入竹子　　　　　　　　　　图 11-20　"图层"面板

Step 10 拖入石块素材放在图的下方，完成本案例的制作，最终图像效果如图 11-21 所示。

图 11-21　最终图像效果

11.2　合成盛夏光年

本实例主要将大量普通的素材分别调整大小和位置，并经过调色处理后，恰当地融合在一起，制作出一幅盛夏正午阳光灿烂的海滩场景图，实例的最终效果如图 11-22 所示。

图 11-22　最终图像效果及所需素材

源文件：源文件 \ 第 11 章 \ 合成盛夏光年
视频：视频 \ 第 11 章 \ 合成盛夏光年

Step 01 执行"文件→新建"命令，新建一个空白文件，如图 11-23 所示。使用"渐变工具"，在"渐变编辑器"中编辑渐变色，如图 11-24 所示。

图 11-23　新建文件

图 11-24　编辑渐变色

Step 02 设置完成后，使用"渐变工具"在画布中拖动鼠标填充线性渐变，效果如图 11-25 所示。新建"图层 1"图层，使用"画笔工具"，打开"画笔预设"选取器，按照如图 11-26 所示的步骤载入外部笔刷"源文件 \ 第 11 章 \ 素材 \ 云朵 .abr"。

图 11-25　填充渐变色

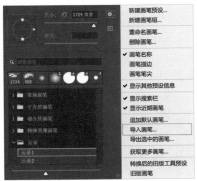

图 11-26　载入笔刷

提示

用户也可以打开"画笔预设"选取器，将笔刷文件直接拖入到选取器中，即可快速载入外部笔刷。

Step 03 设置"前景色"为白色，选择相应的笔刷，适当调整笔刷尺寸，在画布中绘制云彩，如图 11-27 和图 11-28 所示。

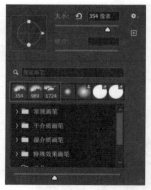

图 11-27　设置画笔

图 11-28　绘制云彩

Step04 打开素材图像"源文件 \ 第 11 章 \ 素材 \08.tif"，将其拖入到设计文档中，调整到合适位置与大小，如图 11-29 所示。使用相同的方法拖入素材图像"09.jpg"，将其调整到合适位置与大小，如图 11-30 所示。

图 11-29　拖入素材图像

图 11-30　再次拖入素材图像

Step05 打开素材图像"源文件 \ 第 11 章 \ 素材 \10.jpg"，并使用"魔棒工具"将飞鸟抠出，如图 11-31 所示。将抠出的图像拖入到设计文档中，调整到合适位置与大小，效果如图 11-32 所示。

图 11-31　抠出图像

图 11-32　拖入素材图像

Step06 按 Ctrl+M 组合键，在弹出的"曲线"对话框中设置参数，如图 11-33 所示。设置完成后单击"确定"按钮，飞鸟效果如图 11-34 所示。

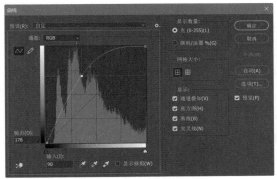

图 11-33　设置"曲线"对话框中的参数

图 11-34　图像效果 1

Step 07 使用相同的方法拖入其他飞鸟，并分别进行提亮，效果如图 11-35 所示。将"图层 2"（光线）复制并调整到图层最上方，将其调整到合适大小和位置，图像效果如图 11-36 所示。

图 11-35　拖入其他飞鸟素材

图 11-36　图像效果 2

Step 08 使用相同的方法拖入素材图像"11.png"和"12.jpg"，并分别调整其位置和大小，如图 11-37 所示。为"图层 8"图层添加蒙版，使用黑色画笔在图像中适当涂抹，图像效果如图 11-38 所示。

图 11-37　拖入素材图像

图 11-38　图像效果 3

Step 09 再次打开图像素材"12.jpg"，使用"矩形选框工具"选取图像中的远景，将其拖入到"图层 3"（海面）下方，并添加蒙版，使用黑色画笔进行涂抹，图像效果如图 11-39 所示。"图层"面板如图 11-40 所示。

图 11-39　图像效果 4　　　　　　图 11-40　"图层"面板

Step 10 按 Ctrl+M 组合键，在弹出的"曲线"对话框中分别选择"红"通道、"蓝"通道和 RGB 通道进行相应的设置，如图 11-41 所示。

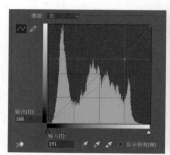 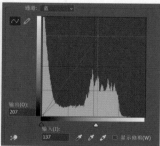 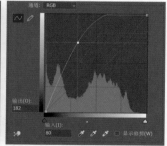

图 11-41　设置"红""蓝"和 RGB 通道参数

Step 11 设置完成后得到图像效果，如图 11-42 所示。在"图层 7"下方新建"图层 10"图层，设置"前景色"为黑色，使用"画笔工具"涂抹出人物和贝壳的阴影，如图 11-43 所示。

图 11-42　图像效果 5　　　　　　图 11-43　涂抹阴影

Step 12 选择"图层 8"图层，执行"图像→调整→阴影/高光"命令，弹出"阴影/高光"对话框，设置参数如图 11-44 所示。设置完成后得到图像效果，如图 11-45 所示。

图 11-44　"阴影/高光"对话框　　　　　　　　　图 11-45　图像效果 6

Step 13 新建"色彩平衡"调整图层，在打开的"属性"面板中进行相应的设置，如图 11-46 所示。设置完成后得到图像效果，如图 11-47 所示。

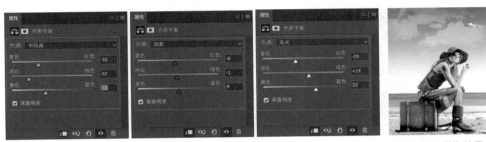

图 11-46　设置"色彩平衡"各项参数　　　　　　　图 11-47　图像效果 7

Step 14 新建"可选颜色"调整图层，在打开的"属性"面板中进行相应的设置，如图 11-48 所示。设置完成后得到图像效果，如图 11-49 所示。

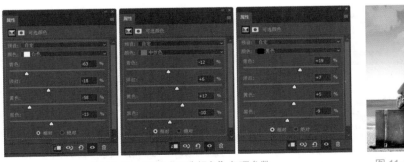

图 11-48　设置"可选颜色"各项参数　　　　　　　图 11-49　图像效果 8

Step 15 新建"自然饱和度"调整图层，在打开的"属性"面板中进行相应的设置，如图 11-50 所示。设置完成后得到图像效果，如图 11-51 所示。

Step 16 使用"横排文字工具"，在"字符"面板中进行相应的设置，如图 11-52 所示。在图像中输入文字，效果如图 11-53 所示。

图 11-50 设置"自然饱和度"参数

图 11-51 图像效果 9

图 11-52 "字符"面板

图 11-53 输入文字效果

Step 17 执行"文字→栅格化文字图层"命令，将文字栅格化。执行"滤镜→渲染→镜头光晕"命令，在弹出的对话框中设置参数值，如图 11-54 所示。设置完成后单击"确定"按钮，得到图像效果，如图 11-55 所示。

图 11-54 "镜头光晕"对话框

图 11-55 文字效果

Step 18 使用相同的方法在"字符"面板中进行相应的设置，并分别在图像中输入文字，制作完成后的最终图像效果如图 11-56 所示。

图 11-56　最终图像效果

11.3　合成绚丽花旦

　　本例原始照片是一张普通的人像照片，通过利用"混合模式"和"图层蒙版"等命令为人物上妆，然后将素材图像合成到人像照片中，制作出绚丽的花旦效果，如图 11-57 所示。

图 11-57　最终图像效果

源文件：源文件 \ 第 11 章 \ 合成绚丽花旦
视频：视频 \ 第 11 章 \ 合成绚丽花旦

　　Step 01 打开素材图像"源文件 \ 第 11 章 \ 素材 \13.jpg"，如图 11-58 所示。新建"亮度/对比度"调整图层，在打开的"属性"面板中设置参数，如图 11-59 所示。

图 11-58　打开素材图像　　　　　图 11-59　设置"亮度/对比度"参数

Step 02 设置完成后的图像效果如图 11-60 所示。新建"图层 1"图层，使用"画笔工具"，设置"前景色"为 RGB（7、73、63），在眼睛处进行涂抹，效果如图 11-61 所示。

　　　　图 11-60　图像效果 1　　　　　　　　　图 11-61　涂抹颜色

Step 03 隐藏"图层 1"图层，使用"钢笔工具"在左眼处绘制路径，如图 11-62 所示，按 Ctrl+Enter 组合键将路径转换为选区。显示"图层 1"图层，单击"图层"面板中的"添加图层蒙版"按钮，为该图层添加图层蒙版，效果如图 11-63 所示。使用相同的方法完成右眼的绘制，图像效果如图 11-64 所示。

　　图 11-62　绘制路径　　　图 11-63　蒙版效果　　　　　图 11-64　图像效果 2

Step 04 设置"图层 1"的"混合模式"为"颜色加深"，效果如图 11-65 所示。新建"图层 2"图层，使用"钢笔工具"在眉毛处绘制路径，并将路径转换为选区，效果如图 11-66 所示。

　　　　图 11-65　"颜色加深"效果　　　　　　图 11-66　绘制路径并转换为选区

Step05 按 Shift+F6 组合键，弹出"羽化选区"对话框，设置"羽化半径"为 2 像素，如图 11-67 所示。为选区填充黑色，设置该图层的"不透明度"为 90%，效果如图 11-68 所示。

图 11-67 "羽化选区"对话框

图 11-68 制作眉毛

Step06 复制"图层 2"图层，执行"编辑→变换→水平翻转"命令翻转图形，并将其移动到合适的位置，效果如图 11-69 所示。新建"图层 4"图层，采用同样的方法，使用"钢笔工具"在画布中绘制路径，将路径转换为选区，并将选区羽化 5 像素，如图 11-70 所示。

图 11-69 眉毛效果

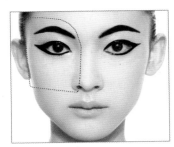

图 11-70 创建选区

Step07 使用"渐变工具"，单击选项栏中的"渐变编辑器"按钮，弹出"渐变编辑器"对话框，从左到右分别设置"色标"的颜色值为 RGB（255、0、0）和 RGB（255、255、255），"不透明色标"为 100% 到 0%，如图 11-71 所示。在选区中从上到下拖曳鼠标填充线性渐变色，效果如图 11-72 所示。

图 11-71 设置渐变色

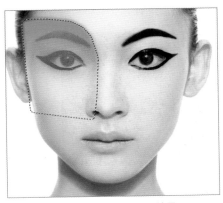

图 11-72 填充渐变效果

Step 08 取消选区，设置该图层的"混合模式"为"正片叠底"，"不透明度"为70%，效果如图 11-73 所示。使用相同的方法，复制"图层 4"图层，将其水平翻转并移动到合适的位置，图像效果如图 11-74 所示。

图 11-73　设置"混合模式"为"正片叠底"　　　　　图 11-74　图像效果 3

Step 09 按 Ctrl+E 组合键，向下合并图层，并为该图层添加"图层蒙版"，使用黑色画笔将眼睛和眉毛涂抹出来，效果如图 11-75 所示。"图层"面板如图 11-76 所示。

图 11-75　涂抹蒙版效果　　　　　　　　图 11-76　"图层"面板

Step 10 单击"图层"面板底部的"创建新的填充或调整图层"按钮，在打开的下拉列表框中选择"色彩平衡"选项，打开"属性"面板，设置参数如图 11-77 所示，得到的图像效果如图 11-78 所示。

图 11-77　设置"色彩平衡"参数　　　　　图 11-78　图像效果 4

Step 11 使用相同的方法新建"可选颜色"调整图层，对图像色调进行调整，如图 11-79 和图 11-80 所示。

图 11-79　设置"可选颜色"参数

图 11-80　图像效果 5

Step12 按 Ctrl+Shift+Alt+E 组合键盖印可见图层，自动生成"图层 5"图层。执行 "图像→画布大小"命令，弹出"画布大小"对话框，设置参数如图 11-81 所示，画布效 果如图 11-82 所示。

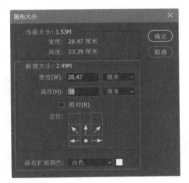

图 11-81　"画笔大小"对话框

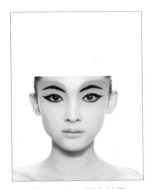

图 11-82　画布效果

Step13 打开素材图像"源文件 \ 第 11 章 \ 素材 \14.jpg"，将其拖入设计文档，移动到 合适位置，如图 11-83 所示。选中"图层 4"，使用"仿制图章工具"对人物额头缺失的 部位进行修补，如图 11-84 所示。盖印可见图层，得到"图层 7"图层。

图 11-83　拖入素材图像并移至合适位置

图 11-84　图像效果 6

Step14 打开素材图像"源文件 \ 第 11 章 \ 素材 \15.jpg",如图 11-85 所示。将设计文档中盖印得到的"图层 7"拖入打开的背景素材中,将其移动到合适的位置,效果如图 11-86 所示。

图 11-85 打开素材图像

图 11-86 拖入素材图像

Step15 使用"魔棒工具"在白色背景处创建选区,并按 Delete 键将其删除,最终效果如图 11-87 所示,完成案例的制作。

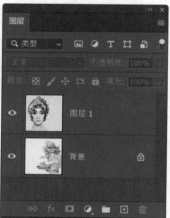

图 11-87 最终图像效果

11.4 本章小结

本章主要讲解了在 Photoshop 中数码照片的合成技术,通过本章的学习,需要读者灵活掌握不同效果的合成技巧,在制作过程中开动脑筋,深入学习和研究,将本章所学的知识点合理运用到实际制作中。